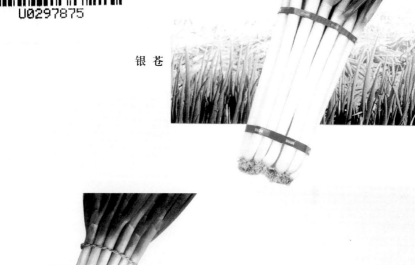

银 苍

兴农石苍

佛岩白银珠

1

紫皮洋葱

济州中高黄

太阳红

2

黄月亮

三日黄

风眼黄

兴农天主大高

大葱黄矮病
（吕佩珂等）

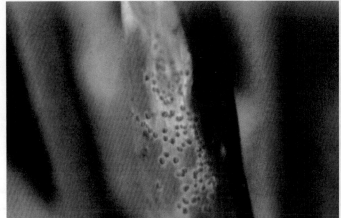

大葱锈病（吕佩珂等）

4

蔬菜无公害生产技术丛书

SHUCAI WUGONGHAI SHENGCHAN JISHU CONGSHU

无公害高效栽培

程玉琴　徐践　编著

金盾出版社

内 容 提 要

本书介绍了葱、洋葱无公害生产的概念和意义,栽培的环境条件,优质抗性品种的选择,各种形式的无公害高效栽培技术,病虫害防治,采种技术,采收、贮藏和运输等。内容丰富,科学实用,可操作性强,文字通俗简练,适合广大菜农、基层单位农业科技人员和农业院校有关专业师生阅读参考。

图书在版编目(CIP)数据

葱洋葱无公害高效栽培/程玉琴,徐践编著 . —北京:金盾出版社,2003.9
(蔬菜无公害生产技术丛书)
ISBN 978-7-5082-2568-5

Ⅰ.葱… Ⅱ.①程…②徐… Ⅲ.①葱-蔬菜园艺-无污染技术②洋葱-蔬菜园艺-无污染技术 Ⅳ.S633

中国版本图书馆 CIP 数据核字(2003)第 050182 号

金盾出版社出版、总发行

北京太平路 5 号(地铁万寿路站往南)
邮政编码:100036 电话:68214039 83219215
传真:68276683 网址:www.jdcbs.cn
彩色印刷:北京精美彩印有限公司
黑白印刷:北京四环科技印刷厂
装订:永胜装订厂
各地新华书店经销
开本:850×1168 1/32 印张:6.375 彩页:4 字数:153 千字
2008 年 1 月第 1 版第 3 次印刷
印数:19001—25000 册 定价:9.00 元
(凡购买金盾出版社的图书,如有缺页、
倒页、脱页者,本社发行部负责调换)

蔬菜无公害生产技术丛书编辑委员会

序言 XUYAN

民以食为天，食以安为先。生产安全食用蔬菜等农产品是广大消费者的迫切愿望。随着人们生活水平的提高，环保意识和保健意识的增强，无公害蔬菜的生产和流通备受世人关注。无公害蔬菜生产既是保护农业生态环境、保障食物安全、不断提高人民物质生活质量的需要，同时又是提高我国蔬菜产品在国际市场上的竞争力，提高我国农业经济效益，增加农民收入，实现农业可持续发展的迫切需要。可以说大力发展无公害蔬菜生产，是社会经济发展、科学技术进步、人民生活富裕到一定阶段的必然要求。

为了解决农产品的质量安全问题，农业部从2001年开始在全国范围内组织实施了"无公害食品行动计划"。要实现无公害蔬菜产品的生产，就需对生产及流通过程进行全程质量控制。在对蔬菜产品实现全程质量控制中，首要的是实现生产过程的无公害质量监控。在种植无公害蔬菜时要选择良好的环境条件，防止大气、土壤、水质的污染，在不断提高菜农的生态意识、环保意识、安全意识的同时，还应开展无公害蔬菜生产的综合技术集成和关键技术的推广应用。这样，才能达到生产无公害蔬菜产品的基本要求。

为达到上述目的，金盾出版社策划出版了"蔬菜无公害生产技术丛书"。组成了以刘宜生研究员、王志源教授为首的编委会，约请了中国农业科学院、中国农业大学等单位有关专家和学者，根据他们的专业特点，将"丛书"分为20个分册，分别撰写了33种主要蔬菜的无公害高效栽培技术。"丛书"比较全面系统地向蔬菜生产者、经营者和管理者介绍了当前各种蔬菜进行无公害生产的最新成果、技术和信息，提出了如何根据国家制定的《无公害蔬菜环境质量标准》、《无公害蔬菜生产技术规程》、《无公害蔬菜质量标准》进行生产的具体措施。其内容包括：选用优良抗性品种，推广优质高产栽培技术，科学平衡施肥，实施病虫害的综合无公害防治，以及采收、贮藏和运输环节的关键措施和无公害管理等。因此，这套"丛书"既具有科学性和先进性，又具有实用性和可操作性。

我相信本"丛书"的出版，将使广大菜农、蔬菜产业的行政管理人员及技术推广人员都能从中获得新的农业科技知识和信息，对无公害蔬菜生产技术水平的提高起到指导作用。同时，也会在推动农业结构调整、促进农村经济增长等方面发挥积极作用，为建设小康社会做出有益的贡献。

中国工程院院士　方智远
中国园艺学会副理事长

2003 年 4 月

目录 *MULU*

第四章　洋葱无公害高效栽培技术

第五章　葱、洋葱病虫害无公害防治

第一章 葱、洋葱无公害生产的概念和意义

一、公害及葱、洋葱无公害生产

(一)公 害

公害是指人类在生产、生活活动中,对自身环境造成的公共危害。这种公害早在工业革命时期就开始形成,至 20 世纪 60 年代后越来越严重。公害的直接危害可使人、畜致死、致病和发生病理突变等,其间接危害是使人、畜二次中毒、杀死天敌、破坏生态环境和使自然环境恶化等。目前,世界上的公害一般有以下几种:

1. 农药污染 如有机氯类农药、有机磷类农药、有机砷类农药、有机汞类农药、氨基甲酸酯类农药等引起的污染。化学农药对人类的危害主要包括两个方面:其一是在食品上的农药残留物对人、畜的直接毒害;其二是严重污染环境。据统计,人类的癌症患者中,有 90% 左右是因为吃了被化学农药污染的食品而引起的。人食用被农药污染的食品,可引起急性中毒和慢性中毒。在我国,人体中六六六的蓄积量占世界之首,"滴滴涕"蓄积量则是发达国家的 2～4 倍。农药急性中毒和慢性中毒的事件也经常发生。据统计,1992 年我国农药中毒人数为 76 068 例,死亡 8 562 人;1998年中毒人数 10 万人,死亡人数 23 000 人。这只是急性中毒的人数,而慢性中毒则难以统计。同时,因施用农药带来的大气、土壤、水体污染几乎存在于世界上每一个角落,使人类赖以生存的环境受到了来自化学农药的严重威胁。

2. 化肥污染 化肥特别是氮肥的过量使用对食品和环境造

成了污染。氮肥造成的危害主要有:破坏土壤结构;产生的一氧化氮和二氧化氮气体破坏臭氧层;氮肥在水中富集造成水质恶化,使水生植物加速生长;氮肥分解过程产生的硝酸盐、亚硝酸盐可在蔬菜等农产品中富集而损害人体健康。

3. 其他污染 如工业生产排出的二氧化硫、氟化氢、氯气等废气,含有多种有毒物质和重金属元素的废水、废渣和含有毒物质及重金属污染的废料等,还有一些致病微生物,如医院污水、生活垃圾及未腐熟的粪便等。大气污染物通过叶面气孔在植物进行光合作用时随空气侵入植物体内引起中毒,它们能干扰细胞酶的活性,杀死组织,导致一系列的生理病变。这些含氯、硫、氟的物质在蔬菜产品中积累,直接危害人体健康。工业废水和城市生活污水中的油、沥青、酸、碱等物质随水沾附在蔬菜的组织器官上,引起蔬菜生长不良,产量降低,或带毒不能食用。溶于水的物质,被根系吸收,进入植物体内,通过食物链转移进入人、畜体内造成危害。废水、废渣中的重金属进入土壤并积累后,很难被消除。蔬菜作物通过根系从土壤中吸收并积累重金属元素。人们食用被污染的蔬菜,重金属元素就进入人体内而危害健康。

(二)葱、洋葱无公害生产

无公害蔬菜是指无公害污染的安全、优质蔬菜的总称。实际上,无公害蔬菜是一个相对的概念。在当前发达的工业生产社会中,要使葱、洋葱等蔬菜生长在不受任何污染的环境中是几乎不可能的;同时,要得到不受微生物侵染、不施农药和化肥的蔬菜也极其困难。因此,无公害蔬菜是指在生产、销售、运输、贮藏、加工过程中,有害物质含量不超过国家规定的安全标准的蔬菜。目前,国家已制定了无公害黄瓜、白菜、芹菜、韭菜等十几种蔬菜质量标准,但葱和洋葱无公害质量标准还未制定。葱、洋葱属于蔬菜,因此,其安全卫生标准应符合国家关于无公害蔬菜的卫生标准 GB

18406.1—2001(表1,表2)。

表1 无公害蔬菜重金属及有害物质限量 （GB 18406.1—2001）

序 号	项 目	指标(mg/kg)
1	铅(以 Pb 计)	≤0.2
2	镉(以 Cd 计)	≤0.05
3	汞(以 Hg 计)	≤0.01
4	砷(以 As 计)	≤0.5
5	铬(以 Cr 计)	≤0.5
6	氟(以 F 计)	≤1.0
7	硝酸盐	≤600(瓜果类) ≤1200(根菜类) ≤3000(叶菜类)
8	亚硝酸盐($NaNO_2$)	≤4.0

表2 部分农药在无公害蔬菜上的最大残留量 （GB 18406.1—2001）

序 号	项 目	最高残留量(mg/kg)
1	马拉硫磷(马拉松)	不得检出
2	对硫磷(一六零五)	不得检出
3	甲拌磷(三九一一)	不得检出
4	甲胺磷	不得检出
5	久效磷(纽瓦克)	不得检出
6	克百威(呋喃丹)	不得检出
7	氧化乐果	不得检出
8	涕灭威(铁灭克)	不得检出
9	六六六	0.2
10	滴滴涕	0.1

续表2

序　号	项　目	最高残留量(mg/kg)
11	敌敌畏	0.2
12	乐果	1.0
13	杀螟硫磷	0.5
14	辛硫磷	0.05
15	喹硫磷(爱卡士)	0.2
16	敌百虫	0.1
17	亚胺硫磷	0.5
18	抗蚜威	1.0
19	溴氰菊酯(敌杀死)	叶菜类0.5 果菜类0.2
20	甲萘威(西维因)	2.0
21	三唑酮(粉锈宁)	0.2
22	多菌灵	0.5
23	五氯硝基苯	0.2
24	噻嗪酮(优乐得)	0.3
25	灭幼脲(灭幼脲3号)	3.0

二、葱、洋葱无公害生产的意义

近年来,我国蔬菜生产得到迅猛发展。1999年我国蔬菜栽培面积已达1335万公顷,占世界32.8%,其产量占世界总产量的64.4%,蔬菜成了仅次于粮食的第二大农产品。目前,我国人均蔬菜占有量已达330千克,超过世界人均占有量的1倍以上。

随着改革开放和对外经济的发展,我国蔬菜出口贸易呈大幅度上升趋势,到2000年,蔬菜作物总产值为3 800亿元人民币,出口贸易额已达20.3亿美元。到目前为止,中国蔬菜的出口量已占世界总出口量的三分之一,出口市场也由传统的日本、韩国拓展到东南亚和欧洲的一些国家。葱和洋葱是我国的主栽蔬菜之一,也是大宗出口创汇蔬菜种类之一。其中,葱主要销往日本和欧美国家,部分销往我国港、澳地区,保鲜葱均销往日本和我国港、澳地区;洋葱主要以保鲜葱头外销,其中黄皮洋葱和白皮葱头最受欢迎,其次是脱水葱片。洋葱主要销往日本、韩国和欧洲部分国家,少量销往我国香港和台湾地区。保鲜葱、洋葱及脱水葱片的大量出口,为国家赚取了可观的外汇,增加了农民收入,同时许多脱水葱加工企业向社会提供了大量就业机会,吸纳了部分下岗人员。

21世纪是无公害食品、绿色食品在食品市场中占统治地位的时期,不仅西方发达国家对无公害蔬菜、绿色蔬菜及有机蔬菜消费需求越来越大,而且随着我国人民生活水平的提高,国内的消费市场也十分巨大。但我国目前葱、洋葱等蔬菜产品的总体质量还不高,许多栽培葱、洋葱地区的生产环境(包括土壤)不合格,一些菜农过量施用化肥农药,导致农药残留和硝酸盐含量超标;同时,由于受消费习惯和生活水平的限制,不重视葱、洋葱等的采后处理,这些都可能受各国兴起的"绿色贸易壁垒"的限制而制约我国葱、洋葱等蔬菜的出口创汇。另外,生产规模小、管理粗放、效益低、贮藏加工和标准化生产极其落后,也严重影响了我国生产的葱、洋葱在国际市场的占有率。这些因素都要求我们必须大力发展葱、洋葱无公害生产。

加入世界贸易组织对我国葱、洋葱等蔬菜生产虽然是个考验,但也是一个难得的机遇。由于蔬菜生产的机械化程度低,劳动强度大,属劳动密集型产品。因此,发达国家由于种菜劳力不足且蔬菜生产成本高,每年需从国外进口,而我国正好可以发挥劳动力丰富且价格低廉的优势,大力发展无公害蔬菜生产,增强我国在国际蔬菜市场的竞争力。

我国无公害蔬菜生产最初是由武汉、南京、杭州和上海4市在20世纪80年代初提出的。发展葱、洋葱等蔬菜无公害生产是一项推动农村经济及农业企业经济发展、满足人民需要、治理环境污染和经济效益与社会效益并存的战略措施。主要表现在以下4个方面：

一是发展葱、洋葱无公害生产，可推动环境保护和经济的协同发展。葱、洋葱无公害生产虽然不排除化肥、农药及其他工业化学产品的应用，但在使用品种、剂量、时期、方法等方面都加以规范和控制，因此，可把生态环境的破坏降到最低限度，既保护了蔬菜生产环境，又保护了人类赖以生存的自然环境。

二是发展葱、洋葱无公害生产，可保证消费者的身体健康。随着我国人民生活水平的不断提高，对食品质量特别是天天食用的蔬菜质量引起了前所未有的关注。葱、洋葱营养丰富，既可炒食、生食或调味，也可加工成脱水菜，是我国大众蔬菜之一，同时又是重要的调味品，与人们的日常生活密切相关。无公害葱、洋葱中对人体有害物质的含量不超标，这在很大程度上保证了人们的身体健康，提高了人们的生活质量。因此，葱、洋葱无公害生产是关系到亿万人民身体健康的一件大事。

三是发展葱、洋葱无公害生产，具有极大的经济效益。随着世界各国对无公害食品消费的持续增长，一般情况下，蔬菜至少应达到无公害食品标准才能进入国际食品市场。无公害葱和洋葱优质优价，生产者不仅能获得可观的经济效益，而且可以开拓或扩大国际市场，提高我国在国际蔬菜市场的竞争力。

四是发展葱、洋葱无公害生产，可推动我国蔬菜科技的进步。发展无公害蔬菜生产，需要改革传统栽培、耕作制度和生产技术，引入先进的生产科学技术与管理理念，同时采后处理、贮运、营销、加工、检测等技术将得到极大的提高。这将大大提高我国蔬菜生产的整体素质,保证其持续、快速、健康地发展。

第二章 葱、洋葱无公害栽培的环境条件

发展无公害葱、洋葱生产应从源头抓起,即先从生产基地的环境条件着手。生产基地的生态环境应选择不受污染源影响,或污染含量限制在允许范围之内,生态条件良好的农业生产区域;土壤重金属背景值高的地区,与土壤、水源环境有关的地方病高发区不能作为无公害葱和洋葱的产地;土壤、灌溉水、大气等环境指标必须达到无公害蔬菜生产的标准。具体内容参看附录1。

一、葱、洋葱无公害生产产地土壤环境质量

葱、洋葱无公害生产要求土壤符合其生长发育的需要,还要达到允许生产无公害蔬菜的标准。

(一)土壤的理化指标

1. 宜轻壤土或砂壤土 葱、洋葱无公害栽培要求土壤质地疏松,有机质含量高,腐殖质含量在3%以上,熟土层厚度不低于30厘米;同时,蓄肥、保肥能力强,能及时供给植株所需养分。土壤中主要养分含量应经常保持在水解氮70毫克/千克以上,速效磷60~80毫克/千克,代换性钾为100~150毫克/千克,以减少化肥的用量。

2. 保水、供水、供氧能力强 无公害葱、洋葱生产的土壤以固相占40%、气相占28%、液相占32%为宜;合适的土壤容重为1.1~1.3克/立方厘米,最好在1克/立方厘米;土壤翻耕后,硬度应保持在20~25千克/平方米,从而使土壤具有良好的供水性和通气性。

3.具稳温性 土壤温度状况不仅直接影响根系生长,还是土壤生物化学作用的动力,即土壤微生物的活动、土壤养分的吸收和释放都与土壤温度密切相关。

(二)土壤的环境质量

葱、洋葱无公害生产的土壤应卫生、无病虫寄生和不存在有害物质,其土壤环境质量应符合农业部发布的 NY 5010—2002《无公害食品 蔬菜产地环境条件》的规定(表3)。

表3 土壤环境质量要求 单位为毫克每千克

项　目		含 量 限 值				
		pH < 6.5		pH 6.5~7.5		pH > 7.5
镉	≤	0.30		0.30		0.40[a]	0.60
汞	≤	0.25[b]	0.30	0.30[b]	0.5	0.35[b]	1.0
砷	≤	30[c]	40	25[c]	30	20[c]	25
铅	≤	50[d]	250	50[d]	300	50[d]	350
铬	≤	150		200		250

注:本表所列含量限值适用于阳离子交换量 > 5cmol/kg 的土壤,若 ≤5cmol/kg,其标准值为表内数值的半数。

a 白菜、莴苣、茄子、雍菜、芥菜、苋菜、芜菁、菠菜的产地应满足此要求。
b 菠菜、韭菜、胡萝卜、白菜、菜豆、青椒的产地应满足此要求。
c 菠菜、胡萝卜的产地应满足此要求。
d 萝卜、水芹的产地应满足此要求。

二、葱、洋葱无公害生产产地灌溉水质量

葱、洋葱无公害生产对灌溉水的质量要求如表4。

表 4　灌溉水质量要求

项　　目		浓度限值	
pH		5.5 ~ 8.5	
化学需氧量/(mg/L)	≤	40[a]	150
总汞/(mg/L)	≤	0.001	
总镉/(mg/L)	≤	0.005[b]	0.01
总砷/(mg/L)	≤	0.05	
总铅/(mg/L)	≤	0.05[c]	0.10
铬(六价)/(mg/L)	≤	0.10	
氰化物/(mg/L)	≤	0.50	
石油类/(mg/L)	≤	1.0	
粪大肠菌群/(个/L)	≤	40 000[d]	

　　a　采用喷灌方式灌溉的菜地应满足此要求。
　　b　白菜、莴苣、茄子、蕹菜、芥菜、苋菜、芜菁、菠菜的产地应满足此要求。
　　c　萝卜、水芹的产地应满足此要求。
　　d　采用喷灌方式灌溉的菜地以及浇灌、沟灌方式灌溉的叶菜类菜地应满足此要求。

三、葱、洋葱无公害生产产地环境空气质量

　　影响葱和洋葱生长的大气污染物,包括在人类日常生活中普遍产生的大气污染物,如二氧化硫、氟化物、氮氧化物、臭氧、总悬浮颗粒物以及工厂产生的污染物如氯气、氨气等。葱、洋葱无公害生产的产地环境空气质量要求如表5。

表5 环境空气质量要求

项 目	浓度限值			
	日平均		1h平均	
总悬浮颗粒物(标准状态)(毫克/米³)≤	0.30		—	
二氧化硫(标准状态)(毫克/米³)≤	0.15ᵃ	0.25	0.50ᵃ	0.70
氟化物(标准状态)(微克/米³)≤	1.5ᵇ	7	—	

注:日平均指任何1日的平均浓度;1h平均指任何一小时的平均浓度。

a 菠菜、青菜、白菜、黄瓜、莴苣、南瓜、西葫芦的产地应满足此要求。

b 甘蓝、菜豆的产地应满足此要求。

第三章 葱无公害高效栽培技术

百合科葱属（Allium）中包括大葱、分葱、胡葱、香葱以及它们的变种。其中，我国北方以大葱栽培为主，在南方则以分葱和香葱栽培较多。

一、大葱无公害高效栽培技术

（一）概　述

大葱（*Allium fistulosum* L. var. *giganteam* Makino）古代又叫茗、菜伯、鹿胎、和事草，在植物学上属百合科葱属，是以叶鞘组成的肥大假茎和嫩叶为产品的 2～3 年生草本植物。依分蘖习性不同，分为普通大葱和分蘖大葱。前者在营养生长期间无分蘖，按假茎长度又可分为短白型和长白型，如山东章丘大葱、鸡腿葱等。分蘖大葱在营养生长期间，其假茎基部可多次分蘖，长成 10 余株，如宁波夏葱、青岛分葱、重庆洽葱等。这类大葱植株虽较小，但葱白经软化后，同样可以增高增粗，品质与不分蘖的大葱无异。

大葱起源于我国西部和俄罗斯的西伯利亚。原产地属中亚高山气候区，季节温差和昼夜温差都较大，夏季干旱炎热，冬季严寒多雪，是明显的大陆性气候区。起源于这里的蔬菜，一般是在春季化冻以后，水分充足，气候温和时生长。大葱的叶片表现出抗旱的特性，根系不发达，要求湿润、肥沃的土壤，都是适应这种气候特点的表现。大葱抗寒耐热，以休眠状态来适应高温炎热干燥季节；同时，在严寒冬季无论是露地越冬还是低温贮藏，均不会受冻害，是抗逆性最强的蔬菜之一。

　　大葱高产且耐贮藏,可周年供应。春、夏、秋季以青葱供应市场,冬季以干葱或以保护地种植的青葱供应市场。

　　我国的大葱栽培历史长达3000余年,是世界上主要栽培大葱的国家。我国北方各省栽培极为普遍,山东、河南、河北、陕西、辽宁、北京、天津是大葱的集中产区。优良大葱品种很多,如山东的章丘大葱、辽宁的朝阳大葱和陕西的赤水孤葱等。我国是世界上惟一的大葱出口国,每年出口韩国、日本和东南亚各国。

　　大葱的食用部分包括叶片和假茎,生熟食均可,同时可作为烹饪鱼、肉等的调味品。其组织鲜嫩,辛辣芳香,营养丰富。每100克大葱中含蛋白质约2.4克,碳水化合物8.6克,脂肪0.3克,纤维素1.3克,维生素C14毫克,磷46毫克,铁0.6毫克,钙29毫克;此外,还含胡萝卜素、核黄素、尼克酸、硫胺素和挥发性芳香物质如丙硫醚、丙基丙烯基二硫化物、甲基硫醇等。

　　葱味辛,性温,生则辛平,熟则甘温,具有药用价值。有利尿解毒、明目补中、醒脑提神、利五脏、止目眩、散淤血、止血止痛和消肿等功能,可治风寒感冒、面目浮肿、药食中毒、心胸闷痛、食欲不振、腹泻腹痛等病症。《本草纲目》记载,葱白、根、叶、须、花均可入药,主治伤寒,除肝中邪气,利大小便,解耳鸣。现代医学也表明,大葱中的挥发性芳香物质硫化丙烯(俗称蒜素),具有增进食欲、开胃消食、杀死病菌、刺激血液循环等功效。常吃葱能减少胆固醇在血管壁上的积累,还可破坏纤维朊,避免或减弱血栓的发生。虽然大葱具有很好的保健功能,但根据中医的观点,过量食用会引起虚气上冲、损须发、五脏闭绝等病症。

　　大葱的国内外市场广阔,出口量日增,换汇额大。所以,大力发展无公害大葱栽培,对于满足国内外市场对绿色食品的需求具有十分重要的意义。

(二)生物学特性

1.植物学特性

(1)根　大葱的根系为须根系,其白色弦线状须根着生在短缩茎上。根系大多分布在 25～30 厘米的耕作土层内,属浅根性。发根能力强,播种出芽后先出初生根,后发次生根,再发后生根,以后出现分支根。次生根发生在茎节部,随着茎盘的长大,不断发生新根。葱根数可达 50～200 条,根长达 45 厘米,直径 1～2 毫米。大葱根的分支性差,根毛稀少,不利于吸水吸肥,但根的再生能力较强。大葱根系怕涝,尤其在高温高湿条件下易坏死,因此,需特别注意不要浇水过多。

(2)茎　大葱的茎为地下茎,在营养生长期短缩为圆锥形,先端为生长点,黄白色,叶片呈同心圆状着生在地下茎上。大葱的茎具有顶端优势,分蘖少。随着植株生长,短缩茎稍有延长。花芽分化后,短缩茎顶芽抽生为花薹。大葱抽薹后,在内层的中鞘基部萌生 1～2 个侧芽,并发育成新的植株。

(3)叶　大葱的叶按 1/2 叶序着生于茎盘上,由筒状叶鞘和管状叶身组成。管状叶身表面有蜡层,中空,这是由于海绵组织的薄壁细胞崩溃所致,但细嫩的葱叶没有中空现象。葱叶的下表皮及其绿色细胞中充满油脂状粘液,具辛辣味。大葱叶粗大,质厚而粗硬,因而除幼苗期嫩叶可食用外,长成植株的绿叶一般不食用。

大葱的棒状假茎(即葱白)由多层叶鞘环抱而成。假茎中间为生长锥,叶片在生长锥的两侧按互生的顺序相继发生。内叶的分化和生长以外叶为基础,幼叶从相邻外叶的出叶孔穿出。外叶叶鞘较短,叶龄长,随着新叶的不断出现,老叶不断干枯,其叶身渐渐凋谢,叶鞘则干缩成为膜状。一般大葱在生长期间经常保持 5～7 片功能叶。

叶鞘既是大葱的营养器官,又是主要的产品器官,同时还可保护新生叶和生长锥。进入葱白形成期时,叶片中的养分渐渐向叶鞘转移,并贮存在叶鞘中。大葱的产量主要取决于假茎即葱白的长度和粗度,而粗度又受品种特性、是否发生先期抽薹、温度、水分、光照、土壤营养水平等内外因素的影响。叶数越多,假茎就越高越粗;叶身生长越壮,叶鞘越肥厚,假茎越粗大。假茎的高度因不同品种而异,同时与培土有密切的关系,随培土层的加厚而增高。通过培土,可为假茎创造黑暗和湿润条件,使其伸长、软化而提高品质。

(4)花 大葱完成阶段发育后,茎盘顶芽伸长为花薹。花薹绿色,圆柱形,基部充实,内部充满髓状组织,中部膨大而空,具有同化功能,其粗度和高度因品种和营养生长情况而异。花薹的先端着生伞状花序,每个花序约有 500 朵小花,白色或紫红色。小花的外面有总苞包被,开花时总苞破裂。大葱的花为两性花,萼片、花瓣各 3 个,雄蕊 6 个,雌蕊 1 枚。柱头成熟时高于花药,成熟时间晚于花药 1~2 天,子房上位,3 心室,每室结 2 籽。属虫媒花,异花授粉,所以采种时要注意不同品种之间的隔离。

(5)果实和种子 大葱的果实为蒴果,三角形,成熟后开裂,种子易脱落。每果内含种子 6 粒,种子为盾形,有棱角,稍扁平,黑色。种皮较厚而坚硬,表面有较多不规则的皱纹,千粒重约 3 克,种子贮藏的养分较少且吸水力弱。大葱种子生命力弱,寿命较短,一般为 1~2 年,故生产上要求采用当年生产的新籽。

2.生育周期 大葱属 2 年生耐寒蔬菜,其生育周期大致分为营养生长和生殖生长两个时期,经历发芽期、幼苗期、葱白形成期、休眠期、开花结籽期等生长阶段。生长期的长短随播种期而定。春播仅需通过 1 个冬天,为 15~16 个月;秋播要通过 2 个冬天,需21~22 个月。

(1)发芽期 从播种到子叶出土直钩为发芽期。此期主要依靠种胚贮藏的营养物质生长。在适宜的发芽条件下,种子吸水,种子内养分转化,种胚萌动。播种后 7~10 天,胚根从发芽孔伸出,扎入土层,子叶伸长,腰部拱出地面。子叶弯钩拱出地面称"打弓",而后子叶尖端伸出地表并伸直称"伸腰"或"直钩",再从出叶孔长出第一片真叶(图1)。

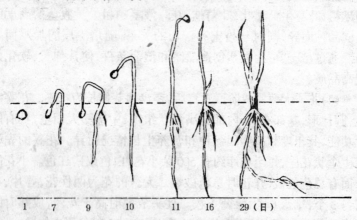

图1　大葱种子发芽出苗示意图

1播种　7~9弯钩(打弓)　10~11伸腰(直钩)

16出真叶　29越冬

(黄伟等,2000)

(2)幼苗期　从子叶出现到定植为幼苗期。在秋播的条件下,幼苗期长达 8~9 个月。从第一片真叶出现到越冬长约 50 天时间为幼苗生长前期。该阶段气温低,要防止幼苗生长过大。因为幼苗过大,会使其越冬能力下降,同时还会因感受低温而出现先期抽薹现象。一般来说,幼苗的大小以两叶一心为宜。

从越冬到第二年返青,正值寒冬季节,这一时期为幼苗的休眠期。此期一定要注意防寒保墒,可采取冬前浇足冻水、畦面覆盖马粪、畦后加风障等措施来保证幼苗安全越冬。

从返青到定植为幼苗生长旺盛期。此时气温上升,当日平均气温达到 7℃ 以上时,幼苗返青并迅速生长。这是培育壮苗的关键时期,要加强田间管理,及时间苗、除草。

(3)葱白形成期 定植后,幼苗经短期缓苗后恢复生长,进入葱白形成期。前期正值夏季,高温高湿,土壤通气不良,易出现烂根、黄叶甚至死苗现象,此时植株生长较缓。进入秋季后,温湿度适宜,叶片迅速生长。白露前后是大葱的最适生长季节,大葱的最终高度和重量取决于这一时期,同时这也是肥水管理的关键时期。为确保假茎在这一时期能迅速伸长和增粗,需要采取分期培土、加强水分管理、追施微肥和生物菌肥等措施。当气温降至4℃~5℃时或遇到霜冻时,叶身生长停止,葱白的生长速度也随之下降,大葱进入收获期。

(4)休眠期 从收获到第二年春天萌发新叶和抽生花薹,大葱在低温条件下进入休眠状态。这个时期,寒冷地区供食用的大葱已收刨贮藏,做种株的也收刨贮藏越冬,不太寒冷的地区植株可就地越冬。

(5)开花结籽期 大葱在贮藏期间感受低温并通过春化阶段,形成花芽。第二年春天栽植后,在较高温度和长日照下,大葱抽薹开花,并形成种子,完成整个生育周期。

3.对环境条件的要求 总的来说,大葱在营养生长阶段要求凉爽的气候、肥沃的土壤和中等的光照强度,在休眠期要求低温,以通过春化阶段。一般品种在第二年的长日照下开花。

(1)温度 大葱具有抗逆性,既耐寒,又耐热。虽然温度在一般情况下对大葱的生长没有多大影响,但适宜的温度条件有利于优质高产。大葱在不同的生育阶段对温度的要求不同:在营养生长时期,凉爽的气候对大葱的生长最适宜;种子发芽的最适温度为13℃~20℃,只需8天左右便可出土;但种子在4℃~5℃也可发芽,只是发芽时间延长;植株生长的适宜温度是20℃~25℃,低于10℃则生长缓慢,高于25℃会导致植株抗性降低而容易感病,同时植株细弱,叶色发黄。如果生长期间的气温超过35℃,则会使植株处于半休眠状态。大葱成株可耐 - 10℃的低温,在土壤和积雪的保护下,处于休眠状态的植株甚至可忍受 - 30℃的低温。大葱的耐寒力随品种及自身的营养积累状况而异。

大葱属绿体春化蔬菜,萌动的种子不能感受低温。植株必须长到两叶一心时,经过 60～70 天、2℃～5℃的低温,才能通过春化阶段。如果秋季播种太早,植株的营养物质积累多而使植株较大,这会造成大葱在当年越冬就通过春化阶段,从而发生先期抽薹现象,失去商品价值。因此,要控制越冬前幼苗的大小。

(2)水分条件 大葱根毛少,吸水吸肥能力差。根系大多分布在土壤表层,喜湿,要求有较高的土壤湿度,但根系又怕涝,高温高湿则极易引起根系死亡,因此,水分管理极为重要。大葱叶身管状且表面布有蜡粉,其水分蒸发少,故耐旱。大葱在生长期间的空气相对湿度一般为 60%～70%,太高或太低都影响其生长。

因为大葱在不同的生育阶段对水分的需求不同,所以要针对不同的生育阶段进行正确的水分管理。发芽期要求有适宜的土壤湿度,以利于种子萌芽出土。幼苗生长前期,可适当控制水分,土壤要见干见湿,以防幼苗徒长或秧苗生长过大。越冬前要浇足冻水,返青时需浇返青水,缓苗期则以中耕保墒为主。在植株的旺盛生长期,应适当增加浇水量和浇水次数,以满足植株对水分的需求。葱白形成期是水分需求的高峰期,一定要保持土壤湿润,否则,会使植株较小,辛辣味浓而影响产品品质。但大葱根系又极怕涝,所以,在高温高湿的气候条件下,要注意浇水次数并及时排水,保持土壤湿润和通气良好。收获前,要减少浇水量,防止大葱贪青而影响其贮藏品质。

(3)土壤 大葱对土质要求不严格,但土质疏松透气、土层深厚、富含有机质且保水能力强的土壤对其生长最为适宜。砂壤土因其土质疏松,透气性好而有利于大葱生长。沙质土和粘重土壤均不利于大葱生长。大葱生长要求中性土壤,土壤 pH 值以 7 左右为宜。盐碱地不利于大葱生长。

大葱喜肥，并要求氮、磷、钾均衡施用。在生长前期对氮肥要求较多，后期则需较多的磷、钾肥。特别要注意磷肥的施用，因为缺少磷肥会导致植株生长不良、产量下降。同时要注意葱地硫元素的含量，土壤缺硫，将影响增产效果。

(4)光照 大葱对光照强度要求适中，以章丘大葱为例，其光饱和点为 $775CO_2\mu mol.m^{-2}.s^{-1}$，光饱和点时的光合速率为 $12.9CO_2\mu mol.m^{-2}.s^{-1}$。因为大葱的筒状叶在密植的条件下，仍能得到良好的光照条件，所以不需强光。强光对大葱生长有不利的影响，会造成叶身老化，纤维增加，品质下降，甚至丧失食用价值。长日照是诱导大葱花芽分化的条件之一，所以一般的大葱品种需在长日照条件下才能抽薹开花，完成其整个生育周期。

(三)类型和优质抗性品种

1.类 型

(1)普通大葱 普通大葱是我国栽培最多的一种。其植株高大，抽薹前不分蘖，抽薹后只在花薹基部发生 1 个侧芽，种子成熟后长出 1 个新植株。个别植株可分为 2 个单株，但收获时仍有外层叶鞘包在一起。按葱白长度可分为以下 2 种类型：

①长白型 该类型大葱植株高大，直立性强。相邻叶身基部间距较大，一般相隔 2~3 厘米。假茎长，粗度均匀，呈圆柱形。葱白指数(葱白的长度与粗度之比值)在 10 以上。质嫩味甜，生熟食均可。产量较高，但要求有较好的栽培条件。如山东省章丘大葱、高脚白、华县谷葱、五叶齐、盖平大葱、鳞棒葱等。

②短白型 该类型植物稍矮，叶片排列紧凑，相邻叶身基部间距小，管状叶粗短，密集排列成扇形。葱白粗短，上下粗度较均匀，葱白指数在 10 以下。这类品种生长健壮、抗风力强，宜密植创高产。多数品种葱白较紧实，辣味浓，耐贮藏，如山东省章丘的鸡腿

葱等。

(2)分蘖大葱　该类葱在营养生长期间,每当植株长出 5～8 片叶时,就发生 1 次分株,由 1 株长成大小相似的 2～3 株。如果营养生长时间充裕,则 1 年可分蘖 2～3 次,最终形成 6～10 个分株。分蘖大葱的单株大小和重量因品种不同而差异较大。分株间隔时间短的品种,植株较小。假茎直径一般为 1～1.5 厘米,长约 20 厘米,叶比普通大葱小而嫩。分蘖大葱主要用种子繁殖。抽薹开花结实习性与普通大葱相同。

2.优良大葱品种

(1)高脚白

天津市农作物品种审定委员会认定的地方品种。株高 75～90 厘米,葱白长 35～40 厘米,直径 3 厘米。成株有绿色管状叶 8～10 片,单株重 0.5 千克左右。耐寒,耐旱,耐热,不耐涝。较抗病虫。耐贮藏。葱白质地细嫩、味甜、略有辛辣味,品质佳,生熟食均可。中熟品种,每 667 平方米产量可达 5 000 千克。

(2)鸡腿葱

天津市农作物品种审定委员会认定的地方品种。植株矮而粗壮,株高 60 厘米左右,开展度 20 厘米,葱白长 26～30 厘米,直径 4.5 厘米。基部膨大,向上渐细,且稍稍弯曲,形似鸡腿。成株有绿色管状叶 8～9 片,单株重 50～150 克。葱白肉质细密、辛辣味浓,品质佳。耐寒,耐热,稍耐旱,不耐涝。抗病虫能力强。产量不高,每 667 平方米产量 2 000 千克。

(3)章丘大葱

山东省章丘市农家品种。株高 120 厘米左右,葱白长 50～60 厘米,直径 3～5 厘米,单株重 0.5～1 千克。质嫩味甜,生熟食俱佳,不易抽薹和分蘖。章丘大葱主要有两个品系:

①梧桐葱

管状叶细长,叶色较深,叶肉较薄,叶直立或斜伸,不聚生,叶间拔节较长,排列稀疏,植株高大,抗风力弱。葱白细长,直圆柱形,基部不明显膨大,外观整齐。组织充实,质地细致,纤维少,含水量多,味甘美脆嫩。生长期 270~350 天,耐贮运,适宜于密植,每 667 平方米产量 2 600~4 000 千克。

②气煞风

管状叶粗短,叶色深绿,叶肉厚韧,叶身短而宽,叶面有较多蜡粉,叶聚生,抗风能力强。葱白短粗,基部略有膨大,略有辛辣味,生熟食均可,品质上等。晚熟品种,生长期 270~350 天。较抗紫斑病,为冬季贮藏的优良品种,每 667 平方米产量 3 000~4 000 千克。

(4)海阳葱

河北省抚宁县农家品种。河北省农作物品种审定委员会 1990 年认定。株高 75~80 厘米,葱白直径 3~3.6 厘米,单株重 0.35~0.4 千克。叶片开展度大,分蘖力强,植株生长势强,抗寒抗病性强。味辛辣,纤维少,品质佳,每 667 平方米产量一般为 2 500~3 000 千克。

(5)三叶旗

辽宁省营口市蔬菜研究所利用地方品种系统选育而成。辽宁省农作物品种审定委员会 1988 年认定。株高 120~140 厘米,葱白长 60~70 厘米,直径 2~2.6 厘米,地下假茎有鲜艳的紫膜。生长期间保持 3~4 片绿叶,叶色深绿,叶形细长,开张度小,叶表面布有厚蜡质层。植株不分蘖,种株薹高 100 厘米左右,花球直径 6~8 厘米。葱白质地细嫩,辣味适中。叶壁较厚,叶鞘抱合紧,不易倒伏,对紫斑病抗性较强。每 667 平方米产量 3 000 千克。

(6)凌源鳞棒葱

辽宁省朝阳市凌源县的地方品种。株高 110~130 厘米,葱白长 45～55 厘米,直径 3 厘米左右。单株重 250～500 克,最大可达 1 000 克以上,干葱率达 50%～60%。叶片明显交错互生,叶色浓绿,长势强。葱白质地充实,纵切后各层鳞片容易散开,味甜微辣,香味浓。抗逆性强,耐贮运。每 667 平方米产量 1 750 千克。

(7)华县谷葱

又叫赤水孤葱。陕西省华县农家品种。陕西省农作物品种审定委员会 1982 年认定。植株高大,直立生长,株高 90～100 厘米。叶色深绿,叶身表面蜡层较薄。葱白长 50～60 厘米,无分蘖,直径 2.5 厘米,单株重 300～500 克。味甜、脆嫩,品质佳。中晚熟。耐寒,耐旱,耐盐碱。每 667 平方米产量 2 500～3 500 千克。

(8)五叶旗

天津市宝坻县地方农家品种。天津市农作物品种审定委员会 1987 年认定。株高 120～150 厘米,葱白长 35～45 厘米,直径 3～4 厘米,单株重 500～1 000 克。葱白质地肥嫩,味微甜,生熟食均可。生长期间保持 5 片绿叶,叶片上冲,不分蘖,属中晚熟品种。耐寒,耐热,耐旱,耐涝。耐贮藏。抗病性较强。每 667 平方米产量 4 000 千克。

(9)盖州大葱

又称高脖葱。辽宁省盖州市农家品种。株高 100 厘米左右,单株重约 500 克。植株直立,不易抽薹,不分蘖,叶细长,色深绿。葱白长约 50 厘米,直径 3～4 厘米。质地柔嫩,味甜,每 667 平方米产量 2 000～3 000 千克。

(10)毕克齐大葱

内蒙古自治区呼和浩特地区农家品种。内蒙古自治区农作物品种审定委员会 1989 年认定。株高 95～115 厘米,葱白长 29～39 厘米,直径 2.2～2.9 厘米。植株生长期间具 9～11 片叶,单株重约 150 克。小葱秧的葱白基部有 1 个小红点,随着葱的成长而扩大,裹在葱白外皮,形成红紫色条纹或棕红色外皮。生长期 100 天左右,抗寒、抗旱和抗病力强,但易受地蛆危害。葱白质地紧密,细嫩,辛辣味浓,品质上乘。每667平方米产量2000~3500千克。

(11)安宁大葱

云南省昆明市安宁大葱栽培历史悠久。葱白长25~30厘米,直径2~3厘米,单株重100~300克。抗逆性强。春、秋两季均可栽培。春季播种,在6~7月间定植,元旦上市。每667平方米产量5000千克;秋季播种,在第二年3~4月定植,国庆节前后上市。每667平方米产量6000千克。

(12)临泉大葱

安徽省临泉县农家品种。俗称大白皮。株高约110厘米,葱白长约40厘米,直径1~3厘米。管状叶较粗,浓绿色,分蘖力中等,一般有4个分蘖。葱白肥嫩洁白,味香甜辣,品质佳。耐寒,耐热,耐旱,耐涝。抗病性较强。冬季管状叶不枯萎,越冷越绿越肥大。一般在夏季播种,生长期约210天,每667平方米产量3000~4000千克。

(13)掖选1号

山东省莱州市蔬菜研究所以"章丘五叶"大葱为材料,通过辐射诱变和多代系选培育而成,1992年山东省农作物品种审定委员会审定。植株高大挺直,株高130~160厘米,单株重约900克。葱白长约70厘米,直径约4厘米。叶色绿,叶片上冲,叶鞘集中,叶肉厚。葱白质地细嫩,辣味适中。适应性广,可在华东、黄河及长江流域种植。抗风,抗病性较强。每667平方米产量6000千克左右。

(14)大梧桐29系

山东省章丘市农业局对大梧桐进行系选复壮后选出的新品系。山东省农作物品种审定委员会认定。植株高130~150厘米,生长期间具功能叶5~7片,叶尖向上或斜生,叶肉厚韧,叶面上蜡粉厚。葱白长55~70厘米,直径约4厘米,圆柱形,基部不膨大。葱白色洁白、质地光滑、脆嫩多汁、纤维少,品质极佳。适应性广,适宜在全国各地栽培。植株直立,不分蘖,长势强。抗寒,抗风,耐高温。较耐紫斑病、霜霉病和菌核病。每667平方米产量5000千克。

(15)寿光鸡腿葱

山东省寿光市地方品种。山东省农作物品种审定委员会认定。植株短而粗壮,株高90~100厘米。单株重250~750克,最大的可达1000克。叶短粗管状,稍弯,叶深绿色,叶肉肥厚,叶面覆盖蜡粉,叶尖较钝,叶排列紧密,生长期间具5~6片功能叶。葱白长25~30厘米,基部直径3.3~6.5厘米。假茎基部较粗大,略弯曲,形似鸡腿。葱白色洁白,质地细密紧实,辛辣味浓,品质佳,宜熟食和做馅。耐寒性强。每667平方米产量5000千克。

(16)哈大葱1号

黑龙江省哈尔滨市农业科学研究所育成。1998年黑龙江省农作物品种审定委员会认定。株高100~105厘米。单株重约400克。叶色深绿。葱白长35~40厘米,直径3.2~3.4厘米,辛辣味浓。不分蘖。耐贮藏。适宜于黑龙江各地春播育苗,夏栽秋收。每667平方米产量4000千克。

(17)辽葱1号

辽宁省农科院园艺研究所以冬灵白葱为母本,以三叶齐葱为父本,经人工杂交育成。2000年辽宁省农作物品种审定委员会认定。株高110厘米,最高可达150厘米,葱白长45厘米左右,直径3~4厘米。叶肉厚,叶片表面蜡粉多,叶身浓绿色,叶片上冲。生长期间有4~6片常绿功能叶,植株不分蘖。平均单株鲜重250克,最大单株鲜重可达750克左右,干葱率达70%。抗寒,抗风,耐热。耐贮藏。抗病性强。质地细嫩,甜辣适中,口感较好,每667平方米产量4000千克。

(18)夏黑2号甜葱

从日本引进的品种。株高1米左右,管状叶深绿,表面有蜡粉。葱白长45厘米,洁白,粗细均匀,包合紧密,品质好。葱白的干物质和碳水化合物含量高。抗逆性强,耐旱,耐寒,较耐热。适合微冻保鲜出口,不易腐烂。是主要的出口创汇品种。

(四)茬次安排

不同地区栽培大葱的时间不同(表6),同一地区在不同栽培季节可采取不同的栽培方式(表7)。

表6 我国北方不同地区大葱栽培时间安排

地 区	播种期	定植期	收获期	主要品种
北 京	9月中旬	5~6月	10月下旬至11月上旬	高脚白
济 南	9月下旬或3月上旬	6月下旬至7月上旬	11月上中旬	章丘大葱
郑 州	9月下旬或3月上旬	6月下旬至7月上旬	11月中旬	章丘大葱
西 安	9月下旬或3月中旬	6月下旬至7月上旬	10月下旬至11月上旬	华县谷葱、梧桐葱
太 原	9月中旬	6月中下旬	10月中下旬	海阳葱
沈 阳	9月上旬	6月中旬	10月上旬	
长 春	8月下旬	6月中旬	10月中旬	
哈尔滨	8月下旬	6月上旬	10月中旬	鸡腿葱
乌鲁木齐	8月下旬至9月上旬	6月中旬	10月中下旬	
呼和浩特	9月上旬	6月中旬	10月上旬	

摘自《蔬菜栽培学各论·北方本》

表 7　大葱周年生产基本茬次表

栽培方式	播种期	定植期	供应期	备注
露地春小葱	9月上旬至下旬		4月上旬至5月中旬	
中小拱棚春小葱	9月上旬至下旬		3月上旬至4月下旬	
羊角葱	9月上旬至下旬	10月下旬至11月上旬	3月下旬至4月下旬	
夏大葱（伏葱）	9月上旬至下旬	4月中下旬至6月中下旬	6月中下旬至10月中旬	
秋大葱（干葱）	9月上旬至下旬	5月下旬至6月下旬	10月下旬至翌年3月下旬	秋播育苗
秋大葱（干葱）	3月上旬至下旬	5月下旬至6月下旬	10月下旬至翌年3月下旬	春播育苗

　　大葱忌重茬,农谚有"辣怕辣"之说,不仅葱与葱不连作,而且也不与其他葱蒜类作物连作。因为重茬地病虫害严重或某种营养元素缺乏,会导致植株长势弱,产量低,品质差。一般需进行 3～4 年轮作,前茬可以是瓜类、豆类、叶菜类和粮食作物。大葱对光照强度要求不高,光饱和点较低,故可与其他作物如甘蓝、茄子、番茄等间作套作。大葱种子较小,种皮坚硬,吸水能力差,贮存的养分少,出土较慢,出土后生长较缓慢,同时苗期也较长。所以,大葱生产一般采用先育苗后移栽定植的方式。

(五)大葱露地高效栽培技术

　　1.品种选择　选择抗逆性和抗病虫能力强、适应性好、产量高、耐贮藏、品质和商品性好的优质抗性品种,如章丘大葱、赤水孤葱、海洋葱、大梧桐 29 系、临泉大葱、毕克齐大葱等。并选用当年新收获的粒大饱满的新种子,出苗整齐、长势好、抗性强。种子质量应符合 GB 8079 中的二级以上要求。不能选用 1 年以上的陈种子,因为陈种子发芽率将降低 30% ~ 50%,且发芽慢,出苗后常常自然枯死,还易发生先期抽薹现象。

2. 播种育苗

(1)播种期　大葱对温度的适应性广,春、夏、秋三季均可播种,以春秋季为主。北方的大葱以秋播、夏播为主,第二年入冬收获。南方则春播和秋播,秋播的在第二年入冬时收获,春播的当年收获。春播大葱主要以小青葱供应市场,产量较低。秋季育苗,根据各地的纬度不同,播种期也不同,北纬 36° ~ 42° 地区,播种期从 8 月下旬到 9 月下旬。北纬 34° ~ 40° 地区,春季育苗播种期为 3 月中下旬。

春播大葱与秋播大葱的差异主要表现在幼苗期。秋播大葱幼苗期要经过冬前苗期、越冬期、返青期,而后进入葱苗旺长期,技术上要求幼苗在越冬前长出的叶数不能超过 3 叶(两叶一心),否则在春季会出现先期抽薹的现象。春播大葱发芽出土后,就很快进入幼苗旺盛生长期。

(2)整地施肥　首先苗床地块要远离工业"三废"污染、主干公路、医院及污染严重的工厂,在此基础上,要选择旱能浇、涝能排的高燥、地势平坦、质地疏松、肥力中等、土层深厚的中性或微碱性土壤,同时 3 年内未种过葱蒜类蔬菜。基肥以优质有机肥、常用化肥、复混肥为主。在中等肥力条件下,结合整地,一般每 667 平方米撒施优质有机肥(以优质腐熟猪厩肥为例)2 000 ~ 3 000 千克,缺磷地块,还可施入过磷酸钙 40 千克。施肥后耕翻晒垡,使土壤和肥料充分混匀,然后耕耙做畦。畦宽 1 米,长 8 ~ 10 米,踩实畦埂,埂高 10 厘米,埂底宽 25 厘米。畦不能过长,否则不易整平,灌水时易冲刷伤苗;过宽会导致间苗、除草不方便。

(3)种子处理 先进行发芽试验,发芽率在90%以上的种子才可用于播种,一般实行干播。播种前,先进行种子消毒处理。具体做法是:将大葱种子在福尔马林300倍液中浸泡3小时,捞出用清水冲洗净,然后晾干后播种。也可将大葱种子用0.2%高锰酸钾溶液浸泡20~30分钟,捞出用清水洗净,晾干后播种。采用这两种方法可有效地杀死种子表面的大部分病菌。

如果因上茬作物倒不出来或因其他原因延迟了播种期时,可催出芽后再行播种。将大葱种子在30℃温水中浸种24小时,除去秕籽和杂质,将种子上的粘液冲洗干净后,用湿布包好置于16℃~20℃的条件下催芽,每天用清水冲洗1~2次,当60%的种子露白时即可播种。每667平方米的播种量为3~4千克。如果种子发芽率低,播种质量差,可适当增加播种量。如果用鳞茎繁殖,可将大葱鳞茎置于45℃温水中浸泡90分钟,捞出后在冷水中降温,晾干后栽种。

(4)播种 播种可采取撒播和条播2种形式。撒播是从中央取土的两畦开始,先撒入种肥,而后浅锄,使肥料与土壤均匀混合,整平畦面,浇足播种水,水渗下后,将种子混入2~3倍的细沙或过筛炉灰撒在畦内,来回重复撒播几次,以保证播种均匀。然后在其上面覆过筛细土厚约1厘米。条播是在畦内按15厘米行距,开2厘米深的浅沟,将种子撒在沟内,整平畦面,踩实后浇水。也可在开沟以后,用细嘴水壶往沟内浇水,等水渗下后播种并耙平畦面。苗床播种量不宜过大,否则苗子稠密,生长细弱。播后要立即覆盖地膜或稻(麦)草,当70%幼苗顶土时,再撤除床面覆盖物。

3. 幼苗期管理

(1)冬前管理 为了使幼苗安全越冬,须使幼苗在越冬前具有2~3片真叶,株高10厘米左右。但是大葱属绿体春化蔬菜,如果幼苗徒长过大,可感受低温而通过春化阶段,以后随着天气转暖易发生先期抽薹现象。所以,既要保证越冬幼苗有足够的生长量,又不能使幼苗徒长。播种后,苗床土壤应保持湿润,防止床土板结。幼苗伸腰时要浇水1次,以利于种子伸直,扎根稳苗。真叶长出后,根据天气情况再浇水1~2次。水量不宜过多,以免秧苗徒长。秋播秧苗越冬前要浇1次水,但时间不宜过早,水量不宜过大,防止因浇水而降低地温。越冬前是否对幼苗追肥,要看实际情况而定,如果苗床施足了基肥,一般不需追肥,防止幼苗过大或徒长;如果苗小且基肥不足,可随浇冻水追肥1次。寒冷地区,可覆盖马粪、设立风障等防寒。

大葱播种后,出苗慢且叶小,苗龄长,加之土壤肥沃、湿润,因此,地面容易生杂草。小葱地的杂草大多是1年生的狗尾巴草、马唐、稗草、野苋菜、灰菜等。无公害蔬菜栽培一般不提倡化学除草,应尽量采用人工除草或加覆盖物除草等物理防治方法,要及时在杂草幼小时拔掉,以免影响葱苗健壮生长。

(2)春季苗田管理 当春季日平均气温达13℃时,把覆盖物如马粪、碎草等搂出畦外,修好畦埂,把畦面耙搂一遍。然后浇返青水,返青水不能浇得过早,以免降低地温。有条件时,可结合浇返青水,每667平方米冲施腐熟的有机肥300~500千克,然后中耕、间苗、除草。间苗一般在蹲苗前进行,间苗时要拔除弱苗、病苗、密苗、不符合品种特性的苗,间开双苗,保持行株距2~3厘米,防止幼苗因间距太小而生长瘦弱、徒长。但要注意不能使幼苗过稀,否则会造成苗数少而浪费土地。当苗高20厘米时,再间1次苗,保持株距7~8厘米。

秋播苗在浇过返青水后,蹲苗10~15天,使幼苗生长粗壮,为下一阶段生长打下基础。蹲苗后幼苗进入旺盛生长期,要增加浇水次数,保持土壤见干见湿。在幼苗旺盛生长开始时,应顺水施肥,每667平方米施尿素20千克,接着浇水2~3次。为了增强葱苗的抗病力,可将草木灰液过滤后进行叶面喷施,以补充钾肥,从而有效地减少葱叶干尖、黄叶的发生。每667平方米可用7~8千克草木灰溶于 15 升水中并过滤,在滤液中再加入 150 升水,用于叶面喷施。

春播育苗,要保持出苗期间土壤湿润,以利于出苗。如果播种后全畦用地膜覆盖,出苗效果好,但幼苗出齐时要及时撤除地膜。苗出齐后及时浇水,到 3 片真叶时控制浇水,促进根系发育。3 叶期后要供给充足的水肥,以加速幼苗生长。

当幼苗高 50 厘米,8~9 片叶,要在定植前 15 天左右停止浇水锻炼幼苗,使叶片老健,假茎紧实,以利于移栽。定植的壮苗标准是:单株平均重 40 克左右,高约 50 厘米,葱白长约 25 厘米,葱白直径约 1 厘米,管状叶色浓绿,每株不少于 5~6 片,具有本品种的典型性状。

4. 定 植

(1)定植期 大葱产量的高低与定植时期有密切关系,在一定的范围内,早定植增产显著。大葱定植期的确定,首先要根据当地的气候条件,保证在停止生长前(日平均气温7℃)有 130 天以上的生长时间。二是上茬作物的腾茬时间,北纬 40°以南的平原冬麦区,大葱定植正是在小麦收割之后,但越靠北,收麦与定植大葱的间隔时间就越短,必须抢时进行。三是育苗方式,春播育苗一般比秋播育苗的苗子小,故定植期应晚 15 天左右。华北地区多在 6 月上旬至 7 月上旬定植。定植过早,葱苗较小,生长缓慢。定植过晚,秧苗徒长,栽苗困难,易倒伏;且缓苗期正值高温多雨,幼苗易感染病害和因田内积水沤根致死。一般应在适期内及早定植,当雨季和高温来临时,葱苗已缓苗返青。入秋转凉时,植株已形成强大的根系,可迅速转入葱白生长旺盛期。山东大葱前茬一般为小麦,麦收后应立即整地定植,否则,可能遇连阴天而造成栽植困难。株型较小的鸡腿葱,可延迟 10 余天定植。

(2)土地准备 大葱定植土壤要求与苗床地相同。每 667 平方米施 5 000~6 000 千克充分腐熟的有机肥,结合耕翻使土肥充分混匀。定植前,接近雨季的地区,栽葱地不需翻耕过深,因为翻地后土壤疏松,不利于挖掘定植沟,只需先清除前茬作物的枯枝、落叶和杂草,随时挖沟。定植沟的沟距与大葱品种、所培育假茎的长短有关。短葱白的品种适宜用窄行浅沟;长葱白品种,对葱白要求不高时,可窄行浅沟;对大葱的商品质量要求高时,可用宽行深沟。栽植沟为南北向,可使大葱受光均匀,并可减轻秋、冬季的强北风造成的大葱倒伏。开好定植沟后,把垄背拍光踩实,以便于定植操作。同时,要注意有合适的株距和行距,以保证在拥有较高质量的前提下有较高的产量。一般鸡腿葱要求的株行距为 5~6 厘米 × 50~55 厘米,挖沟深 8~10 厘米;长葱白的株行距为 5~6 厘米 × 70~80 厘米,挖沟深 15~20 厘米;短葱白的密度介于前两者之间。出口日本的大葱要求葱白细长,其定植株行距为 2.5~3 厘米 × 90~100 厘米。

(3)起苗分级 准备起苗移栽前,育苗畦如果过于干旱,应先浇 1 次水,使起苗时干湿适宜。但不能太湿,否则会造成根系带泥土不便分级和栽苗。起苗时,抖净泥土,选苗分级,除去病苗、弱苗、残苗和抽薹苗,要尽量保留完整的根系,减少损伤。因为大小苗混在一起,定植后不利于管理,所以在定植前对秧苗进行分级十分重要。应根据葱苗的大小和长短分成 3 级,分别栽植。一级苗株高 60 厘米以上,单株重 60 克以上,6 片叶以上,葱白长约 30 厘米,直径 1.5 厘米以上;二级苗株高约 50 厘米,单株重约 40 克,5 片叶,葱白长约 25 厘米,直径 1 厘米;其余的为三级苗。大苗应略稀,小苗稍密,三级苗及等外苗尽量不用。用一、二级苗栽植,严格剔除病虫害苗和伤残苗。

起苗时要边刨边运,随运随栽,以利于缓苗。如需要暂时放置,要尽量避免阳光直射,放在阴凉处,防止发热、捂黄或腐烂。切忌长时间堆放或暴晒。

(4)定植方法 大葱的定植方法有插葱和排葱 2 种。鸡腿葱和短葱白类型的大葱品种用排葱法较为适宜。其具体方法是:沿着葱沟壁陡的一侧按株距摆放葱苗,葱根稍压入沟底松土内,再用小锄从沟的另一侧取土,埋在葱秧外叶分杈处,用脚踩实,顺沟浇水。或先引水灌沟,水渗下后摆葱秧盖土。排葱法具有栽植快、用工少的优点,但缺点是葱白下部不直,影响外观质量。插葱法适用于长葱白品种。具体方法是:左手拿7~8棵葱秧,右手拿葱杈或木棍(葱杈长约33厘米,下端有小杈,木棍要刮削光滑)压住葱苗基部,使其垂直插入沟底松土内。先浇水,待水渗下后即插葱苗为"水插";先插栽葱苗,后浇水为"干插"。定植时,要将葱苗叶片的分杈方向与沟向平行,便于以后田间管理时少伤叶。葱苗的栽植深度,可掌握"上齐下不齐"的原则,即插葱深度以心叶处高出沟面7~10厘米为宜。栽得过深,不利于缓苗,根系易因氧气不足而生长不旺,甚至腐烂;过浅,以后容易倒伏,不便培土而降低葱白长度。为了防治地下害虫如韭蛆等危害,可在栽植时将葱秧用40%乐果乳油600倍液或20%杀灭菊酯乳油2 000倍液浸泡1~2分钟。

(5)定植密度　合理密植是大葱高产、优质的重要措施。在一定的栽植密度范围内,增加密度不会影响单株重量,但如果超过一定密度,则大葱植株之间相互遮荫,而使单株重量和质量显著下降。定植密度要根据大葱的品种特征、土壤肥力、秧苗大小、定植时间确定。一般长葱白品种每667平方米栽植18 000~23 000株,短葱白型品种每667平方米可栽植20 000~30 000株。定植早的可适当稀一些,定植晚的可适当密一些;大苗适当稀植,小苗适当密植。

5.定植后管理

(1)中耕除草　定植后中耕除草2次左右,以疏松表土,增加土壤的透气性,蓄水保墒,促进根系的发育。

(2)水分管理　水分管理是大葱生产的重要环节。及时充足的水分供应,不仅能满足大葱正常生长对水分的需求,调节大葱生长的生态环境,而且可更好地发挥肥料的作用。大葱定植后正值炎夏多雨季节,植株及根系的生理功能减弱,植株生长极缓慢。葱的耐高温、耐旱能力远比耐涝能力强,所以宁旱勿涝。一般情况下,如果不是特别干旱就不需浇水。如遇大雨,要及时排水,切忌积水,以便迅速让根系更新、植株返青。如果雨水灌沟,淤塞葱眼(插葱时,木棍拔出后留下的小洞,俗称葱眼),会使根系缺氧而腐烂。葱眼一般要保留,要让其风吹日晒,即所谓晒葱眼。

立秋以后,天气转凉,大葱开始生长,但生长比较缓慢,对水分的要求不高。此时宜少浇水,浇小水,保持土壤湿润即可。要选择清晨浇水,避免中午浇水,否则会导致土壤降温剧烈而影响根系生长。

白露前后,昼夜温差加大,大葱进入生长旺盛时期,平均 7 ~ 8 天可长出一片叶子,这也是葱白形成的重要时期,需要大量的水分和养分。一般 4 ~ 5 天浇 1 次水,且要浇大水,要浇足浇透。浇水时间宜选择在早晨,此阶段共需浇水 7 ~ 10 次。

寒露以后,天气日益冷凉,大葱基本长成,管状叶面积的增长已趋于最大,且开始缓和,生长减慢,需水量减少。此时需减少浇水,浇 2 次水即可。但要保持土地不见干,如果缺水,则叶片软,葱白松软,产量低,品质劣。收获前 7 ~ 10 天停止浇水,防止植株含水量过多而不利于贮藏运输。

水分对大葱的产量和品质的形成至关重要。水分充足时,大葱叶色深,蜡粉厚,叶内充满无色透明的粘液,葱白也显得洁白而有光泽,平滑而细致,即使经过几次重霜,葱叶也不垂萎;水分不足时,叶细、发黄,产量和质量都随之下降。

(3)追肥 根据前茬地力和基肥情况追肥 2 ~ 3 次,并按照植株的生长发育阶段,分期进行。一般在秋凉以后,结合灌水、培土等开始追肥。第一次追肥在立秋后,每 667 平方米施 50 ~ 100 千克的油饼,或充分腐熟的人粪尿土 1 500 千克,如果土壤缺磷,加过磷酸钙 25~40 千克。严禁使用未充分腐熟的人粪尿,更禁止将其直接浇或随水灌在大葱上。追肥要结合中耕,使肥料与土壤混合均匀,然后浇水。这次追肥可促叶片生长,为葱白的膨大打好基础。

白露以后,气温凉爽,植株生长加快,大葱进入葱白生长的旺盛期。这是大葱产量形成最快的时期,应施攻棵肥,需施追肥 2 次左右,氮、磷、钾肥要齐全。第二次追肥,每 667 平方米可施尿素 15~20 千克、草木灰 100 千克,施于葱的两侧,中耕培土,然后浇水。施用草木灰时,最好用未经雨淋的干灰,用水拌湿,撒入沟内,并结合培土将灰掺匀,以防浇水时把灰冲掉。第三次追肥在 9 月下旬或 10 月上旬,每 667 平方米可施尿素 8~10 千克,撒在行间沟底,结合中耕,将肥料埋入土中,而后浇水。注意在每次追肥后应及时灌水,可促进肥料分解,以利于根系吸收。如果最后一次追肥是化肥,则追肥的时间应在收获前 30 天进行。

(4)培土软化 培土是软化叶鞘、防止倒伏、提高葱白质量和产量的关键措施。大葱假茎的叶鞘细胞伸长需要黑暗、湿润的环境条件和营养物质的输入。一般来说,在肥水供应充分的条件下,培土越深,葱白越长,组织越充实越洁白。但葱白的长短主要取决于品种特性、肥水管理和有无病虫害等因素,培土可加长假茎的软化部分,但对其总长度没有明显的影响。所以,培土的高度要适当,在第一、第二次培土时,气温高,植株生长缓慢,培土应较浅。第三、第四次培土时,植株生长快,培土可较深。每次将土培到叶鞘和叶身的分界处,即只埋叶鞘,勿埋叶片(图2)。短葱白品种培土高度(假茎埋入土中的长度)一般约 20 厘米,长葱白品种的培土高度 30~40 厘米。

培土必须于葱白形成期并结合浇水施肥,在立秋、白露和秋分分别进行。高温季节不可培土,否则假茎埋入土中过深易腐烂。

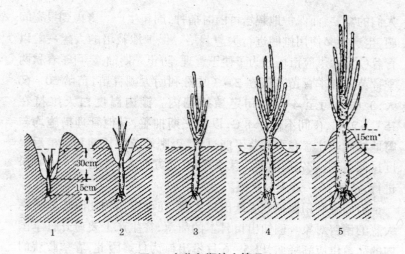

图2 大葱各期培土情况

1. 培土前情况 2. 第一次培土
3. 第二次培土 4. 第三次培土 5. 第四次培土
（引自《蔬菜培养学各论·北方本》）

同时，培土应在上午露水干后、土壤凉爽时进行。培土次数不宜过多，频繁培土不仅增加工作量，而且会伤根伤叶，影响葱的生长，一般为3~5次。华北地区从8月上旬开始培土。短葱白品种到9月初培土2次，平沟，9月中下旬再培土1次。长葱白品种从8月上旬至9月上旬培土3次，平沟，到收获前再培土2次。

培土时要注意以下几点：①取土宽度不要超过行宽的1/3，深度不超过沟深度的1/2，以免伤根；②培土后要拍实葱垄两肩的土，防止浇水后引起塌落；③培土应在土壤水分适宜时进行，过湿易成泥浆，过干，土面板结，不利于田间操作；④培土宜在下午叶片柔软时进行，忌在上午露水大、叶片脆嫩时培土而损伤叶片。

（六）保护地大葱高效栽培技术

国内外市场要求葱的周年供应，因此，仅靠露地生产不能满足人们的需要,而保护地栽培可随时播种,周年生产。考虑到投资问题,生产上多使用拱棚进行大葱栽培。保护地栽培的大葱一般以青葱(小葱)供应市场。为了便于管理,防止先期抽薹,可于春秋两季育苗。春季育苗一般在2~3月份利用大棚育苗,苗龄50~60天,3月下旬至4月下旬定植拱棚内。棚内温度白天维持在15℃~25℃,夜间不低于8℃,以防先期抽薹,其他管理措施均与露地相同。注意春季育苗不能过早,否则幼苗生长期和定植后温度过低,会造成先期抽薹。秋季播种,北方地区一般在9~10月份进行,苗龄50~60天时定植。

但如果利用保护地生产出口大葱,在确定播种期时还要考虑大葱的销售对象。例如出口日本的甜葱,在生产上要避开日本国内的甜葱供应高峰期,以5~6月份出口为佳。因此,春季收获的甜葱,播种期宜早不宜迟。在江苏省可于11月底至12上旬,利用冬暖式塑料大棚播种育苗,苗期85~90天,翌年2月中旬至3月初定植于大棚中,5月底开始收获。或在1月上旬至2月初利用冬暖式大棚播种育苗,3月下旬至4月初定植于大棚中,6月底收获;也可以延迟至4月15日后将葱苗定植于露地大田中,7月中旬开始收获。

下面以北方地区秋季育苗为例,简单介绍大葱保护地无公害栽培技术。

1.播前准备 苗床选择、品种选择、种子处理方法等均同露地栽培。在前茬作物收获后及时整地施肥,每667平方米施经无害化处理的腐熟有机肥3 000~4 000千克,耕翻耙平,做畦待播种。

2.播种 河北中南部地区一般于9月下旬,北部地区于9月上旬播种。掌握好冬前幼苗生长期40~50天,具有两叶一心、茎粗0.4~0.5厘米、株高约10厘米左右这一原则,适当调节播种时期,以免播期太晚造成苗小受冻或播期太早而发生先期抽薹。

可采用暗水播种或明水播种。暗水播种就是从畦内起出覆盖用土,整平畦面浇水洇地,水渗下后撒种,覆土厚度为 0.5~1 厘米。明水播种就是在整平的畦面上播种,播种后用脚踩实,使种子埋于浅土中,然后浇水。每 667 平方米用种量同露地栽培,也是 3~4 千克。

3. 田间管理 播种7~10天后幼苗出土。要防止幼苗过大和徒长。在土壤上冻前可浇 1 次冻水,并在畦北面架设风障,高寒地区还应在畦面上覆盖马粪或圈肥,以利于幼苗安全越冬。为便于早春覆盖,中小拱棚的骨架也应在土壤封冻前插好,四周挖好铺塑料薄膜的沟。

4. 扣膜 2月上旬选无风的晴天中午,把塑料薄膜盖到棚架上,四周埋入沟中并培土压实。夜间可加盖草苫保温,使棚内白天温度维持在 15℃~25℃,夜间不低于 8℃。

5. 扣膜后的管理 扣膜后,表土化冻,应结合中耕,清除枯叶,以利于提高地温。幼苗返青时,结合浇返青水,每 667 平方米施尿素约 10 千克并中耕,促进幼苗生长。随着气温升高,葱苗生长加快,应根据土壤墒情,适当浇水。棚内气温达 30℃以上时,要适当进行放风。在 3 月上中旬苗高 25~30 厘米时即可收获。

(七)温室囤葱栽培技术

在冬季,可利用温室或阳畦进行囤葱栽培,向国内外市场提供鲜葱。收获的大葱成株和半成株假茎具有贮藏养分、水分、保护分生组织和心叶的功能,在遇到适宜的温度和水分条件时就能萌发生长,这是囤葱栽培的理论依据。日光温室或加温温室在靠近温室边缘的边畦及走道、火道等处一般比较低矮,温度变化剧烈,或光照条件较差,在这些地方其他蔬菜生长不好,但可用来囤秋季露地栽培中生长较差的大葱,可收获鲜葱供应元旦和春节市场。

越是小的葱秧进行囤栽葱,栽后增重越明显,有的发芽葱可达栽时干葱重量的 1.5 倍。如果囤栽的葱秧过大,收获时往往只能相当于干葱重,而且用成株干葱生产的发芽葱给人的鲜嫩感也不及半成株。

囤栽方法:选择假茎短、植株细小、商品价值低的干葱,在上市前30天左右囤栽到温室中。囤栽前做1米宽的高埂低畦,切齐畦埂,耙平畦面。将供栽的大葱去黄叶、干叶,密集囤栽在畦沟内,上面覆盖细沙,把空隙填满,用喷壶喷少量水,使细沙下沉。4~6天以后,当干葱基部发出新根、新叶开始生长时浇1次水。以后要看天气情况和植株长势确定浇水量和浇水次数。晴天光照充足、温度较高,土壤蒸发量大时,浇水量可稍大;温度低时,不宜浇水。

如果是在温室插空囤栽,那么温室的管理只能依主栽作物来掌握;如果是专用温室,则要将温室白天温度控制在15℃~20℃,夜间8℃~10℃为宜。温度过高,生长虽快,但产量较低。

囤栽青葱不需要施肥,完全靠假茎贮藏的养分长出新叶。增加的产量部分主要是植株吸收的水分。虽然产量提高不多,但售价高于干葱;同时囤葱选用的是商品价值低的干葱,所以囤葱的经济效益较好。

(八)阳畦囤葱栽培技术

利用分苗阳畦在尚未移入苗子的空闲时间,可生产1茬鲜葱,随时收获上市。栽培方法与温室囤葱基本相同。将选出的大葱栽在阳畦里,填细沙,浇足水。覆盖塑料薄膜以提高畦温,晚上盖草苫保温。草苫要早揭晚盖,以充分利用太阳光能,待到大葱发出新叶后,适当放风。随着气温上升,渐渐加大放风量。一般在囤葱后30天左右即可上市。

(九)夏秋大葱栽培技术

夏秋大葱的栽培目的是于6~10月份向市场供应鲜葱。一般是秋季育苗,育苗时间同冬贮用葱生产。只是葱秧越冬后,必须加强管理。从 4 月中下旬至 6 月下旬陆续起苗定植。定植方法有开沟行栽和平畦穴栽两种。定植较早、上市较晚时,可开沟栽植,以便于培土。开沟行栽的行距为 40~50 厘米,株距 3~5 厘米,每 667 平方米可栽 4 万株左右。定植较晚且在夏季上市不需培土时,可用平畦穴栽,每穴 3~4 株,穴距约 20 厘米。缓苗后遇旱浇水,保持土壤湿润,结合浇水每 667 平方米施 10~15 千克尿素,并及时中耕除草培土成垄,雨季积水要及时排涝。炎热夏季不利于大葱生长,可与其他作物套种。

夏秋季大葱定植后 45~60 天,假茎粗 1.5 厘米左右,有葱叶 3~4 片时即可随收随上市。夏季葱叶因高温老化,不宜食用,以食用假茎为主;秋季大葱嫩叶品质好,假茎和葱叶均可食用。

二、分葱露地无公害高效栽培技术

(一)概 述

分葱(*Allium Fistulosum* L. var. *caespeitosum* Makino)是葱的一个变种。别名菜葱、权子葱。原产我国西部,现在主要在我国南方各地栽培。分葱是宿根性植物,形如大葱,但植株矮小丛生,一般株高 40~80 厘米,分蘖能力比大葱强,以食用嫩叶为主。在生产上往往以其生长季节而分为夏葱、冬葱、四季葱等,其中夏葱能在 5~8 月间炎热的夏天生长;冬葱以秋季生产为主,不耐寒冷;四季葱、小葱等一年四季均可栽培,但以 4~5 月间栽培的品质为好。

1. 植物学特性 分葱的根为宿根,母株的根系一般生长两年。母株一般于秋季以鳞茎播种,随着植株的生长,不断产生分蘖,一直至第二年夏季分蘖结束进入休眠,母株的根系也就衰老而被淘汰。秋季又可以分蘖的鳞茎进行播种。

根系为弦线状的须根,分布在土壤表层,发根力强。茎盘随着植株生长而长大,须根也渐渐增多。

分葱的茎为短缩茎,茎的各节着生1片葱叶,葱叶的基部由于营养成分的积累而肥大,包裹着短缩茎。若干叶子的基部层层包裹着短缩茎,使短缩茎肥大呈细纺锤形或圆形的鳞茎。鳞茎的颜色有白色、紫红色、赤褐色等,随品种不同而异。当鳞茎播种后,植株生长到一定旺盛阶段,在短缩茎的各节,可发生分蘖,即使在抽薹开花期也可发生。一个鳞茎最多可产生10余个分蘖。

分葱的叶如大葱,有叶片和叶鞘组成。但分葱的叶片比大葱短而小,葱白长一般不超过30厘米,短的仅数厘米,葱白直径1~2厘米。因此,大葱是葱白多而叶片少,分葱则是葱白少而叶片多。

分葱在春、夏季抽薹,按其开花状况,又可分为:①不开花结实的分葱,又分冬葱、四季葱两种类型;②开花不结实的分葱;③开花结实的分葱。前两种常通过分株繁殖,后一种可用种子繁殖,也可用分株繁殖。

2.对环境条件的要求和生育周期 分葱属耐寒性蔬菜,不耐高温,适应性强,对气候条件要求不严。植株生长的适宜温度为13℃~20℃,一般在南方露地能安全越冬,终年不枯,但在北方严冬季节葱叶会干枯。耐旱,不耐涝,喜较干燥的气候条件,多雨季节生长不良。分葱要求较高的土壤湿度,以70%~80%为宜,适宜的空气相对湿度为60%~70%。

分葱对光照要求较低,所以在冬季也能生长。强光会使组织老化死亡。分葱宜生长在土层深厚、通气、排水良好的中性壤土中。

分葱的生育周期可分为幼苗期、茎叶生长期(分蘖期)、抽薹期和休眠期等4个阶段。

(二)优良品种

1.安徽河口葱

河口葱是安徽省霍邱县河口镇一带的特产品种。株型较大，高 55～60 厘米，葱白 27～30 厘米。它既不同于葱白多叶子少的北方大葱，也不同于葱白少而叶子多的南方分葱，该品种的葱白和葱叶几乎各占一半。叶粗管状，浓绿色，葱白脆嫩，汁液浓香，辣味适中而鲜甜，品质优，产量高。耐旱性强，分蘖力强，春、夏、秋季均可进行分株繁殖。

2.火葱(胡葱)

植株直立，株高 40～50 厘米，开展度 40 厘米左右。分蘖力强，每一鳞茎分蘖多时达 10 余株，开花期也能分蘖，开花后不结种子，以分株繁殖。生长期 70～140 天。叶色深绿，叶片形状与大葱相似，但比大葱短而细。

3.韭葱(分葱)

植株直立，叶簇紧，植株高 35～45 厘米，假茎直径 1.2～1.5 厘米。叶深绿色，中空，叶尖，有光泽。叶长 12～15 厘米，叶宽约 1 厘米。假茎白色，小鳞茎较大。分蘖力强，鳞茎分为多瓣而基部相连，外皮赤褐色，瓣的外形圆，内侧凹，每株可分蘖 4～5 株。分株繁殖，耐热、耐旱性强，生长期 50～100 天。品质中等，适做鲜菜或调味品。栽培时需肥量大，每 667 平方米产量可达 1 700～2 000 千克。

(三)栽培技术

1.栽培方式 分葱的栽培方式有早熟栽培、普通栽培、晚熟栽培和小葱栽培等 4 种。

(1)早熟栽培 在 8 月上中旬定植，9～11 月采收。定植密度每 667 平方米 25 000～30 000 株。品种要求不严，一般宜选用耐热和夏季休眠期短的品种,以利于栽植后及早萌芽生长。

(2)晚熟栽培 9月定植,第二年3~5月采收。每667平方米栽植6 000~12 000株。上市时间正值其他葱抽薹开花期,可填补葱类供应不足,经济效益较高。

(3)小葱栽培 将分葱做小葱栽培,在8~9月定植,行距为20~25厘米,株距16~20厘米。从10月到第二年5月陆续采收,每隔1个月左右收1次,每次每667平方米可收200~400千克。

(4)普通栽培 8月下旬至9月中旬定植,每667平方米栽6 000~10 000株。11月至第二年3月采收。

2. 品种选择 根据不同的栽培季节选择适当的品种,并选取无病害种子、种球、种苗等繁殖材料。种子消毒处理同大葱种子。如果采用鳞茎繁殖,则先将鳞茎种球逐个分开,在阳光下晒1天,也可将鳞茎置于45℃温水中浸泡90分钟,捞出后在冷水中降温,晾干后栽种,每667平方米用种量50~60千克。早熟栽培每穴栽植2~3个种鳞茎,穴距15厘米左右。普通栽培的每穴栽植3~4个鳞茎,穴距20~25厘米。栽植于沟内,覆土厚6~7厘米,覆土后浇水。

3. 整地施肥 深耕土地,每667平方米施入经无害化处理的优质农家肥4 000千克做基肥,与土壤混匀,做成2米宽的畦,耙平畦面,畦内开沟深6~7厘米。早熟栽培的行距为20~25厘米,普通栽培的行距约40厘米。

4. 栽植 一般可用分株栽植或种子育苗定植,但不同类型的分葱,其繁殖方式各有不同。

(1)不开花、不结籽的分葱 这类分葱可分冬葱和四季葱两类。冬葱在南方于8月中旬选健株分株丛栽,每丛3~4株,每667平方米栽8 000~10 000丛。10月中旬开始采收。冬葱不耐寒,遇霜其地上部枯萎,以地下部越冬。第二年春天萌发,4~5月采收,不抽薹。5月地上部枯萎,可全株挖起晾干,挂藏越夏,8月份重新栽植。

属于这一类型的四季葱可以四季栽培,1年分株繁殖4次。第一次在8月中旬丛栽,每丛3~4株,11月中旬培土软化,第二年1~2月收获。第二次在11月下旬分株栽植,不培土,第二年3~4月收获。第三次在3月下旬分株栽植,5月下旬收获。第四次在5月下旬分株栽植,7月中旬收获。四季葱不耐热,较耐寒,以春、秋两季产量为高。

(2)开花不结籽的分葱 分蘖能力强,对环境适应性广,一年四季都可分株栽植。栽培过程与前面的四季葱相同,但由于植株较小,密度应大些。

(3)开花结籽的分葱 用种子繁殖,也可用分株繁殖,春、秋播均可栽植。春播的在3月中旬播种育苗,5月份单株分栽,6~9月分批收获。秋播的在8月直播,10月至翌年4月上旬陆续收获,清明后抽薹开花结籽。

5. 田间管理 分葱的田间管理以追肥为主,并结合进行中耕除草、浇水灌溉和培土等。在生长期间,每收割1次要追1次氮肥,以促叶片生长。每月浇水1次,天旱时可适当增加浇水次数。分蘖多的品种可培土软化,一般培土应结合追肥进行,即在追肥以后培土。培土不能太深,以不没过葱白为宜。

三、细香葱露地无公害高效栽培技术

(一)概 述

细香葱(*Allium Schoenopprasum* L.),别名四季葱、香葱。属百合科葱属2年生或多年生宿根植物。在中国长江流域及以南各地均有栽培。在亚洲、北美、北欧有野生种,但很早就被驯化。细香葱植株形状与大葱、分葱相似,但植株细小,葱香味浓烈,由此而得名。香葱中香辛油含量高达鲜重的 0.026%,维生素 C,维生素 A 的含量分别比大葱高 20% 和 200%。近几年来,随着人们对细香葱的需求越来越大,其栽培面积也在不断增加。

细香葱的根系为弦线状须根,分布在土壤表面,发根力强,须根生于茎盘下面。茎为短缩茎,茎的每节长 1 片叶,葱叶基部膨大,包裹短缩茎,形成细纺锤形或近圆形的小鳞茎。鳞茎有白色、紫红色,因品种而异。具极强的分蘖能力,一般每株可产生分蘖 5~8 个,分蘖力强弱也因品种而异。

该类葱的叶也由叶片和叶鞘组成。叶片绿色,圆形中空,先端尖,叶面上有蜡粉。假茎长约 10 厘米,直径约 1 厘米,比分葱的还要细而短。香葱叶香味极浓烈,宜做调料。

细香葱开花、结籽特性因品种不同而异。有的不开花,有的开花不结籽,有的既开花又结籽。前两种靠分蘖来进行分株繁殖,后一种一般采用种子播种。开花的品种在春夏季抽生花薹,种子与大葱种子相似。

细香葱的生育周期可分幼苗期、茎叶生长期、抽薹开花期和种子成熟期等 4 个阶段。但如果是由种子播种的,则应增加种子发芽期;同时,无种子的细香葱要除去种子成熟期。

该类型的葱适应性强,对气候条件要求不严,周年都能生长。虽然炎热的夏季和寒冷的冬天会影响细香葱的正常生长,但仍能保持绿叶,植株不枯萎。其种子发芽的最适温度为 13℃~20℃,植株生长的最适温度为 15℃~25℃。

细香葱较耐干旱,因植株较小,故对水的需求量比大葱、分葱少,但对空气和土壤的湿度要求比大葱、分葱高。

细香葱与大葱、分葱一样,也要求土质疏松的中性土壤和较低的光照。强光易导致组织老化,纤维增多,品质变劣,

（二）优良品种

1. 香 葱

植株直立，丛生，株高 45～50 厘米，开展度约 28 厘米，葱白长 4～6 厘米，直径约 1.2 厘米，单株重 4～5 克。叶片深绿色，管状中空，先端尖，叶面覆盖蜡粉。叶鞘微黄色，扁圆形，管状，鳞皮白色透明。分蘖力强，耐寒，不耐热，适应性广。生长快，开花不结实，生长期 50～60 天。香味浓。每 667 平方米产量 1 500～2 000 千克，一般春、秋栽培。

2. 米 葱

又叫小米葱、小葱。植株直立，株高 35～40 厘米，葱白淡绿色，长约 30 厘米，直径 0.9～1 厘米。叶深绿色，叶表面有蜡粉。鳞茎细小，白色，纺锤形。耐热，耐寒，耐肥喜湿。分蘖力强，平均每个鳞茎分蘖 5～7 个。质地细嫩，香味浓。生长期约 80 天，每 667 平方米产量 2 500～4 000 千克。

3. 四季葱

植株直立，丛生，株高 35～40 厘米，开展度约 18 厘米。假茎白色，圆柱形，长约 8 厘米，直径约 0.6 厘米，单株重 3～4 克。叶绿色，蜡粉较少。分蘖力强，生长快。耐寒，不耐热，适应性广。除盛夏外，其余时间均可种植。开花不结实，香味浓。每 667 平方米产量 1 000～1 600 千克。

4. 蒜瓣葱

又叫果儿葱。株高约 46 厘米，开展度约 20 厘米。假茎绿白色，长 5～6 厘米，直径约 0.8 厘米。初夏形成小鳞茎，全株小鳞茎聚合成百合状。小鳞茎如蒜瓣，长约 3.5 厘米，直径约 1.5 厘米，皮紫褐色，鳞片白色。葱叶深绿色，扁圆形中空，有蜡粉。分株繁殖，分蘖能力强，不开花。生长期为 40 天左右。香味浓，品质中

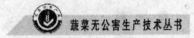

等。鳞茎宜调味或盐渍食用。

(三)栽培形式

1. 分株栽培 不开花以及开花不结籽的品种一般都用分株栽培。一年中除了炎热的夏季,其余季节都可进行分株栽培。通常用穴栽的方法,每穴栽 4~8 株,行距约 20 厘米,穴距约 10 厘米。

2. 直播栽培 用种子进行繁殖,除了 6~8 月夏季高温和 11 月至翌年 1 月冬季低温时一般不播种外,其他季节均可播种。但如果夏季用遮阳网覆盖,冬季利用地膜、无纺布进行小拱棚或地面覆盖,冬季和夏季也可播种生产。这种栽培方法又叫"原地葱"。

3. 育苗移栽 先用种子播种育苗,育成葱苗后像分株栽培一样进行移栽。这种栽培方法又叫"小排葱"。

4. 套作间种 秋后常与越冬莴笋等蔬菜间种,春季则多与丝瓜、苦瓜等棚架作物套种,利用瓜棚进行遮荫保湿,从而使香葱可延续至盛夏再采收。

(四)栽培技术

1. 品种选择和种子处理 选择无病害的种子或种苗,细香葱的种子必须用新籽,且种子质量应符合 GB 8079 中的二级以上要求。种子消毒处理同大葱种子消毒方法。

2. 播种育苗 用种子繁殖的细香葱,都要进行播种育苗。细香葱一般采用直播栽培,适宜播种期为 2~5 月和 9~10 月,播种后 60~80 天即可上市;育苗移栽的在苗期为 30~40 天就可移栽。如果在 6~8 月间播种,应采用遮阳网覆盖;如果在 11 月至翌年 1 月间播种,则宜采用地膜或无纺布覆盖。细香葱播种后要保持土壤湿润,防止种子在发芽过程中干枯而影响出苗。

3. 整地施肥 细香葱对土壤的要求与大葱对土壤的要求基

本一致。育苗地和定植移栽地都要精细整地和施足有机肥。基肥不要施得过深,一般应施在深 10~20 厘米的土层内。基肥最好施用经过充分腐熟的农家肥,每 667 平方米用量为 2 000~3 000 千克。基肥施入后要细耙,并与土壤充分混匀,而后做畦。南方宜做高畦,以利于排水,北方可做平畦,畦宽为 1.5~2 米。最后浇水,等水渗下后即可播种或定植。

4. 定植 无论是分株繁殖还是育苗移栽,细香葱的定植方法基本一致。定植前,要对幼苗进行筛选分级,剔除病株、伤残株、弱株和散瓣葱,选取一、二级幼苗进行定植。定植时间为 8 月至翌年 5 月。在不同的定植时间,细香葱的栽植密度也有所不同。一般情况下,定植行距为 15~25 厘米,穴距 8~12 厘米,每穴 4~8 株。冬季栽植时可覆盖地膜增加地温,以提早收获。一般栽植后 1 个月左右即可采收上市。

5. 田间管理 细香葱的田间管理以肥水管理为重点,间有除苗、防治病虫害等。细香葱生长需要土壤湿润,播种出苗前后和栽植成活以前,宜小水勤浇,保持土壤不干。定植成活后,细香葱较耐干旱,在正常的生长季节,一般 15 天左右浇 1 次水。追肥时间、追肥量和追肥次数要根据细香葱的长势和土壤营养分析结果而定。第一次追肥最好施用充分腐熟的稀粪尿,浓度为 10%~20%;施用时注意不能洒在植株上,然后浇水。以后如果还需追肥,可每 667 平方米施尿素 10~15 千克,并浇水。

四、细香葱无土栽培技术

无土栽培,又称营养液栽培。根据国际无土栽培学会(ISOSC)的规定,凡是排除天然土壤以外的基质(或仅育苗用基质,定植后不再用基质)给作物提供水分、养分、氧气的栽培方法,都称为无土栽培。无土栽培的主要特点:一是不用土壤;二是依靠营养液提供养分,不用传统的施肥方法。按其栽培床是否使用基质,可将无土栽培分成基质栽培和水培两大类。基质栽培是用固体基质替代土壤做栽培床来栽培作物。固体基质又有天然基质和人工基质两种,像沙、砾石等为天然基质,而像岩棉、泡沫塑料等为人工基质。水培则不用基质,作物的根系和营养液直接接触。

(一)无土栽培的意义

脱水香葱叶是我国重要出口蔬菜产品,每年可为国家赚取外汇、增加农民收入和为社会提供相当多的就业机会,取得了良好的社会效益与经济效益。随着国际市场对细香葱的加工品——脱水葱叶的需求越来越大,南方地区细香葱的栽培面积也一再扩大。但我国南方地区的菜地面积少,葱蒜类蔬菜在栽植上又忌重茬,因此,要扩大细香葱种植的规模难度较大。目前许多脱水香葱生产企业的原材料,往往是通过一家一户的收购而来,这对保证香葱加工品的质量带来了很多困难。首先,我国的蔬菜生产远未实现标准化,所以各家各户生产的香葱难以达到要求的质量和规格;其次,无公害香葱生产宣传力度还不够,在生产过程中,肥料与农药的使用还存在着相当多的问题,而厂方企业往往没有足够的精力来实行全方位监督。例如,南方菜农习惯用稀人粪尿作为追肥,由于很多菜农对无公害蔬菜生产了解不够,不注意有机肥的无害化处理,往往将未经充分腐熟的人粪尿作为追肥施用;有的菜农不注意施肥方式,在施肥时将人粪尿直接浇在葱叶上;有的菜农一味追求高产而过多使用化肥,特别是氮肥,使香葱体内硝酸盐含量超标;还有一大部分菜农缺乏病虫害综合防治方面的知识,过多依赖化学农药的防治效果,造成农药残留量超标。另外,我国在农药残留检测方面的技术和设备都比较落后,缺乏快速、准确的检测方法,公司企业在收购一家一户生产的香葱时,会遇到检测农药残留方面的困难,从而导致一些不合格产品有可能混入其中,影响香葱加工品的质量。上述问题,都会严重影响我国脱水香葱的出口。

无土栽培在解决细香葱生产面临的土地短缺、化肥农药污染及实现标准化等方面具有自身独特的优势。实行香葱无土栽培,有以下几个方面的优点:一是不受土地限制,能充分利用各种空间,甚至荒地、沙漠等,可实现工厂化大生产,执行标准化管理;二是可解决连作带来的地力不平衡、盐渍化和病虫害增多等问题,在同一场地可以连年生产;三是可减少病虫害的发生,特别是土传病害和施用有机肥带来的虫卵危害;四是有利于减少农药等的使用,使产品清洁卫生,达到无公害香葱生产的要求;五是简化了栽培工序,不需要进行耕地、整地、中耕除草等许多农事操作,减少了劳力;六是可根据香葱的需要,定量提供营养和浇水,有利于减少养分和水分的流失,从而相应地降低因养分流失对环境可能造成的污染;七是无土栽培由人工控制作物对矿物营养、水分、气体等的需要,有利于作物发挥最大生产能力,因而香葱生长旺盛、产量高、品质优。上海马桥园艺场连续多年进行香葱无土栽培,香葱黄叶少、含水量足,质量好,取得了较好的效益。

(二)无土栽培的形式

香葱无土栽培可用营养液膜栽培(Nutrient Film Technique,NFT)、深液流技术(Deep Flow Technique,DFT)、岩棉培和基质培等形式。但不管是什么方式,均应能固定和支持细香葱的根系,并能及时供应香葱生长所需的矿质营养、氧气和水分等。

1.营养液膜栽培(NFT) NFT法用1层很浅的(约10毫米深)反复循环的营养液来栽培香葱等作物,比一般的水培法成本低80%以上,是一种节能的无土栽培技术。同时该方法克服了传统水培法需相当深的水槽及通气困难等问题。

NFT法的设施主要由栽培床(溶液槽)、水泵、输液管道和调节阀及贮液槽等4部分组成。幼苗按一定的株行距栽植在具有一定坡降的栽培床上,水泵将营养液从贮液槽通过输液管道送到栽培床的上端,使之循环流动。

栽培床是直接承受香葱等蔬菜根系、并使营养液在其中流动的液槽。一般用塑料薄膜制成水槽状,放在一定坡降(1/80~1/100)的平整地面,或放在用聚乙烯板材、木板及其他材料制成的床架上。栽培床底面宽一般为100~120厘米,长度为10~15米,长度和宽度可根据实际情况灵活掌握,但长度最长不超过20米。因为床过长,会造成栽培床上方与下端植株生长不均匀。

水泵要选用节能、密封、耐腐蚀,并与栽培面积和总流量相适应的自吸型水泵或潜水泵。输液管道通常选用硬质塑料自来水管,再加上接头、调节阀进行装配。小型贮液槽也可用塑料薄膜制作,但一般用砖砌成,抹上水泥,再涂上沥青等防止渗漏。

栽培细香葱时,可用塑料薄膜制成槽状栽培床栽培细香葱,使其根系的上部裸露,并维持极浅的营养液不断缓慢流动。这样细香葱的根系既能吸收充足的养分,又能直接吸收氧气。在栽培期间,要特别注意营养液的管理和流量的确定。要不断监测贮液槽中溶液的浓度和 pH 值,一般每隔 5~7 天,用电导仪测定 1 次浓度;也可用减水量乘以经验系数来确定加入营养元素的数量,用稀酸或稀碱来调整溶液的 pH 值,补充水分(每天补足减水量),以维持一定的浓度。然后将经调节的溶液通过水泵送到栽培床的上端,重复循环。可用连续循环法,也可采用间歇循环法。流量与栽培床的长、宽、坡降及栽培的品种、生育期有关。但总的原则是流量必须控制为浅液流。一般 15~20 天要重新配制并更换营养液。

NFT法结构简单,设备费用低,生产者可以选择购买成套设备,也可自行制作、施工。营养液流浅,根系既能吸收充足的养分,又通气,所以不易发生根腐病。同时营养液用量少,贮液槽也可小型化,便于降低生产成本,收获后进行设备消毒也极简便。

2. 深液流循环技术(DFT) 该方法与 NFT 法所用的设备及

培养方式基本相同,不同的是 DFT 法流动的营养液层较深,可将香葱等作物的整个根系都泡在营养液中,根系的通气依靠向营养液加氧气解决。该方法所用的营养液量大,液层深,其浓度、pH值、温度都不易发生急剧变化,根际环境的缓冲能力大,受外界环境的影响小。但对栽培技术要求较高,同时栽培槽、贮液池的容量要求大,耗电量大,成本高。

栽培香葱时,可用有土育苗也可用基质育苗,但在定植时都必须将泥土或基质洗干净,注意不要损伤根系。栽培槽一般长 28～30 米,宽 1 米,槽深 10 厘米左右,槽底铺聚乙烯板(EPS),板厚1.25厘米,底板上覆盖黑膜防止营养液渗漏。营养液深度为 6～8 厘米,在其上再覆盖 EPS 板。板长 1.5 米,宽 1 米,厚 2.5 厘米,在盖板上按种植香葱所需的株行距打孔。一般香葱的种植密度为 8 厘米×8 厘米,定植孔直径一般为 2.6 厘米。在定植孔里放一个直径 2.5 厘米、高 4 厘米的小塑料钵(钵的下半部和底部有孔),每个塑料钵种 3 棵葱苗,并让塑料钵卡在定植孔上。然后将杯底 1～2厘米浸入营养液内,浸得太低会使植株窒息。当香葱根群大量发出并深入营养液后,将液面降低,离开钵底。一般每天定期供液 2次,上下午各 1 次,每次供液 1～2 小时。

3. 岩棉栽培技术(RF 法) 用岩棉做基质的无土栽培称之为岩棉培。岩棉原本主要用于建筑业,作为一种新型的保温材料用于冷库建筑等隔热层衬垫,孔隙度为 96%,密度一般为每立方米80 千克,具有通气性好,不含有害物质,不变质,保水性和扩散性好,吸水后不变形的特点。岩棉培的装置包括岩棉毡做成的栽培床或栽培袋、贮液槽和供液装置。栽培床是用一定规格的岩棉毡连接而成,并用黑色、银灰或黑白双色膜及一层无纺布包裹。先在岩棉方块(4 厘米×4 厘米×3.5 厘米)或育苗钵育成香葱幼苗,然后将苗连同岩棉块或育苗钵(无底)一起移至岩棉制成的栽培床上,用黑色、银灰或黑白双色膜将岩棉毡和育苗钵一起包裹,并用木夹将薄膜夹牢封口。营养液通过滴灌系统滴入(滴灌系统可自动控制),香葱根系从岩棉块或无底的育苗钵向下伸展而布满岩棉毡,并从中吸收营养和水分。在栽培中,要注意根据岩棉的湿度状况来调节给液量。

岩棉培设备简单,拆卸方便,还可节约用水,投资比 NFT 法少。其营养液可采用浇流式,可以不采用循环,不需调整营养液的浓度,也不易发生水传病害,还可进行间作套种。

4. 槽(床)培 这是一种将香葱等作物栽植在装有基质、具有一定容积的栽培槽内,通过定时定量浇灌营养液来促使作物生长的无土栽培形式。种植香葱的栽培槽规格,可根据栽培香葱的株行距及地块特点设置,一般长 20 米,宽 80~100 厘米,高 20 厘米。槽框可用砖、水泥、木板等制成,槽内装填厚 10~15 厘米的基质,在其上面覆盖一层蛭石,可减少水分蒸发,防止基质板结、长青苔或过热。营养液浇灌方式一般采用滴灌式,可安装滴灌带,也可安装滴头。在栽培床的一端可设一个回液池,以便回收从排液管流出的营养液。如果不需回收营养液,则不用设回液池。

5. 袋培 就是在塑料袋中装入惰性基质,然后将香葱幼苗栽在袋上,用营养液滴灌供其养分,促其生长。惰性基质可采用沙、砾石、蛭石、草炭、珍珠岩、锯末、岩棉等混合物,一般常用的基质是由 40%草炭、30%蛭石、30%珍珠岩配成。塑料袋长 100 厘米,宽 30 厘米,高 8~10 厘米,将袋平放,在其上面种香葱,株行距一般为 15~25 厘米×8~12 厘米,每穴种 4~8 株。

(三)营 养 液

营养液所含的成分主要是大量元素,再辅以必要的微量元素。栽培细香葱的营养液配方可参照日本园试标准蔬菜通用营养液配方(表8),并根据实际情况在该配方的基础上做相应调整。培养香葱的营养液 pH 值应调整为 6.5 左右。

表8　日本园试标准通用营养液配方（单位:克/1000升）

名　称		分子式	数　量
大量元素	硝酸钙	$Ca(NO_3)_2 \cdot 4H_2O$	950
	硝酸钾	KNO_3	808
	磷酸二氢铵	$NH_4H_2PO_4$	152
	硫酸镁	$MgSO_4 \cdot 7H_2O$	492
微量元素	螯合铁	$Fe-EDTA$	23.1
	硫酸锰	$MnSO_4 \cdot 4H_2O$	1.8
	硼　酸	H_3BO_3	2.8
	硫酸铜	$CuSO_4 \cdot 5H_2O$	0.078
	钼酸钠	$Na_2MoO_4 \cdot 2H_2O$	0.021
	硫酸锌	$ZnSO_4 \cdot 7H_2O$	0.215

　　营养液的温度影响其氧气含量和作物对养分的吸收。液温过高或过低,均使香葱的生长受到抑制,因此,要求营养液的温度与香葱在土壤耕作条件下的根际温度基本一致。在冬季生产时应适当提高温度,可采取在贮液池内设加温管等措施;如果是基质栽培,可在栽培床下的上层安装电热线。夏天高温季节生产时,应降低液温。可用地下水降温,或把贮液池修在地下,或设在没有阳光直射的地方,或在栽培床上覆盖遮阳网等。在营养液温度管理中,夏季的液温一般不应超过28℃,冬季不低于15℃。

(四)基　质

　　基质在无土栽培中的作用是固定作物的根系,同时基质能保持一定的营养成分,并在基质颗粒间或内部的孔隙中保持一定的空气和水分,维持作物根系生长的要求。用做无土栽培的基质有沙子、砾石、炭化稻壳、蛭石、珍珠岩、岩棉、草炭、泡沫塑料、锯末

等。其各自的理化性质和营养成分见表9，表10。

表9　部分基质的理化性质

类型	容重 (g/cm³)	总孔隙度 (%)	大孔隙(空气容积) (%)	小孔隙(毛管容积) (%)	气水比(以大孔隙值为1)	pH 值
炭化稻壳	0.15	82.5	57.5	250.0	1:0.43	6.5
锯　末	0.19	78.3	34.5	43.75	1:1.26	6.2
棉籽壳(种过平菇)	0.24	74.9	73.3	26.69	1:0.36	6.4
沙　子	1.49	30.5	29.5	1.0	1:0.03	6.5
炉　渣	0.70	54.7	21.7	33.0	1:1.51	6.8
珍珠岩	0.16	60.3	29.5	30.75	1:1.04	6.3
岩　棉	0.11	100.0	64.3	35.71	1:0.55	8.3
蛭　石	0.25	133.5	25	108.5	1:4.35	6.5
菜园土	1.10	66	21	45	1:2.14	6.8
泡沫塑料		829.8	101.3	726.0	1:7.13	—

表10　基质的营养元素含量

基质	营养元素					
	全氮 (%)	全磷 (%)	速效磷 (mg/kg)	速效钾 (mg/kg)	代换钙 (mg/kg)	代换镁 (mg/kg)
炭化稻壳	0.540	0.049	66.0	6625.5	884.5	175.0
棉籽壳	2.200	0.210	—	全钾(%)0.17	—	—
岩　棉	0.084	0.228	—	全钾(%)1.338	—	—
炉　渣	0.183	0.033	23.0	203.9	9247.5	200.0
珍珠岩	0.005	0.082	2.5	162.2	694.5	65.0
蛭　石	0.011	0.063	3.0	501.6	2560.5	474.0
菜园土	0.106	0.077	50.0	120.5	324.7	330.0

1. 沙子　一般采用粒径为0.5～3毫米的沙做基质。沙的成分以不含石灰质为宜，最好是石英沙或花岗石碎屑。海沙因含较多的氯化钠，故在使用前要用清水洗干净。常以滴灌方式供营养

和水分。用沙做基质,易于排水、通气,但热传导快,保水持水力差,在生产上的应用日趋减少。

2. 砾石 以粒径1.6~20毫米的天然小石块或碎石做基质较好,并选用非石灰性砾石,否则,会影响营养液的 pH 值。砾石保持水分和养分的能力差,但通气排水性能好。常用间歇给水法供应营养液。

3. 岩棉 是一种吸水力强的矿物。用 60% 的辉绿岩、20% 的石灰石和 20% 的焦灰混合后,在 1 600℃ ~ 2 000℃炉里熔化,然后喷成直径 0.005 毫米的纤维,加上粘合剂压成板块。新用的岩棉在栽培作物初期呈微碱性反应(pH 值为 7 ~ 8),用过一段时间后,其 pH 值会下降。

4. 珍珠岩 是一种用火山硅酸岩在1 200℃下燃烧膨胀而合成的疏松多孔的硅质矿物。性质极其稳定,不会吸附或溶出肥料成分,盐基置换量低,重量轻,呈粉状,反复使用后会变细碎。珍珠岩过碎易吸水,不利于透气,常与其他基质混用或袋装栽培。滴灌供应营养和水分。

5. 炭化稻壳 稻壳经炭化而成,质地轻,保水性好。其 pH 值为 6.5 左右,但在使用前未经水洗,其 pH 值较高,达 9 以上。所以,使用前要进行水洗或用弱酸调节。炭化稻壳带菌少,含有多种营养元素,易溶出钾离子,其用量不能超过 25%(按体积)。一般采用滴灌法施入营养液。

6. 蛭石 由云母片在850℃燃烧膨胀而成,是一种建筑上的保温材料。容重轻,中性,含有较多的置换性钙、镁、铁和钾。以粒径 3 毫米为好,常与其他基质混用。

7. 草炭 又叫泥炭,根据纤维粗细度不同可分多种。pH 值偏低,约为 4。阳离子交换量很大,含有大量置换性镁,含氮 1% ~ 2%。常与蛭石、珍珠岩等基质混合使用。

8. 陶粒 又称多孔陶粒。是用大小比较均匀的团粒状火烧页岩(陶土),在 800℃～1 100℃高温下加热制成。pH 值在 4.9～9 之间。陶粒排水排气性能好,可单独做无土栽培的基质,也可以和其他基质混合使用。

9.锯末 锯末的吸水性较强,但不同性质的木材,其锯末特性有所区别。锯末中的树脂、单宁、松节油等有害物质含量较高,使用前要堆沤,堆沤时间应在 90 天以上。

10.炉渣 以大锅炉燃烧成蜂窝状结构的炉渣为好。炉渣中常含少量速效钾,呈微碱性(pH 值为 7.7)反应,具有较强的保肥和缓冲能力。炉渣在使用前要适当打碎、过筛并用清水冲洗干净,其用量一般不超过 60%(按体积)。

(五)根际氧气

为作物根系提供充足的氧气供应,是无土栽培中保证作物正常生长的重要因素之一。增加根际氧气的方法有多种,如循环流动法、液面升降法、通气法、喷雾法、浮根法等。目前常采用液面升降法和 NFT 的极少量液流循环法、通气法等。深水栽培的栽培床不能过长,否则会使后面的植株供氧不足,栽培香葱的栽培床要控制在 15～20 米。营养液中的微生物会消耗氧气,栽培中要及时清理营养液中的各种杂物。要保持适当的营养液温度,温度过高会使营养液中的溶氧量下降。

(六)细香葱无土栽培的技术要点

细香葱无土栽培的方法较多,可采用 NFT 法、岩棉培、槽培、深液流法(DFT)、袋培等。细香葱无土栽培的管理与田间栽培相似,但需掌握以下技术要点:

1.育苗 细香葱种子在播种前应进行消毒处理,育苗可用有土播种育苗,也可用基质育苗。

2.定植 当葱苗有 2～3 片叶,株高 10 厘米左右,苗龄 35～45

天时,即可定植。幼苗定植时,一定要洗净根部泥土或基质,尽量少伤根系,按有土栽培的株行距栽植,并立即提供营养液。

3. 无土栽培方式 可采用基质栽培,使用前需将基质进行消毒处理。采用基质栽培时,基质的厚度以不埋到葱苗的心叶,露出分权部分为宜,营养液的供给方式可以是浇灌、滴灌等。也可用DFT法等水培方式栽培,可将细香葱苗种在塑料小钵里,然后将其插到营养液面盖板的栽植孔中,使细香葱根系浸泡在营养液里。定植细香葱后,如遇晴天高温,可在细香葱栽培床上覆盖遮阳网,以避免细香葱苗萎蔫而延迟缓苗。

4. 营养液 营养液的供应要根据栽培方式、气候、植株大小、蒸发量的不同而有所变化。基质栽培的,一般是每次供液应使栽培槽内充分湿润,并注意保持基质湿润即可。DFT法栽培的,每天定时供液两次,上午、下午各 1 次,每次 1～2 小时。营养液温度应控制在 15℃～20℃。

5. 病虫害防治 在无土栽培细香葱中,一般无病虫危害,可以不用农药防治。但应注意观察,一旦发现病虫害发生,要及时防治。栽培细香葱的场所,可采用开闭门窗等方法来保持一定的温度,使白天温度不超过 30℃,晚上在 13℃～15℃之间。

6. 采收 无土栽培的细香葱,一般在定植后 50～60 天,当细香葱株高 30～40 厘米,茎的直径 0.3～0.5 厘米时,即可采收。如果利用温室全年连续栽培细香葱,1 年可采收 4～5 茬。

五、葱田施肥标准及禁用肥料

(一)葱无公害生产中允许使用和禁止使用的肥料种类

1. 允许使用的肥料

(1)有机肥 有机肥由含有大量生物物质、动植物残体及排泄物、生物废物等堆制而成,包括堆肥、沤肥、厩肥、沼气肥、绿肥、作物秸秆肥、饼肥、泥肥等。有机肥具有养分齐全,能改善土壤结构和理化性能,缓慢释放而肥效持续时间长等优点,同时增施有机肥可提高蔬菜品质,增强植株的抗病性和抗逆性,减少葱等蔬菜中的硝酸盐含量和对汞、镉、铅等重金属元素的吸收。

但有机肥必须通过无害化处理,也就是农家肥必须充分腐熟,城市垃圾必须经过消毒净化。有机肥无论采用何种原料堆制,必须在 50℃以上温度进行 5~7 天发酵,以杀灭各种寄生虫卵和病菌、杂草种子,除去有害气体。堆肥须符合无害化卫生标准和堆肥腐熟度的鉴别和熟化指标;城市生活垃圾经无害化处理,达到堆肥卫生标准和熟化指标外,还必须严格执行城镇垃圾农用控制标准;农用污泥、沤肥和沼气肥也需符合有关卫生指标(表 11 至表 14)。

表 11 有机肥卫生标准

项　　目		卫生标准及要求
高温堆肥	堆肥温度	最高堆温达 60℃~66℃,持续 6~7 天
	蛔虫卵死亡率	96%~100%
	粪大肠菌值	$10^{-1} \sim 10^{-2}$
	苍蝇	有效地控制苍蝇孳生,肥堆周围没有活的蛆蛹或新羽化的成蝇
沼气发酵肥	密封贮存期	30 天以上
	高温沼气发酵温度	$(63 \pm 2)℃$持续 2 天
	寄生虫卵沉降率	96%以上
	血吸虫卵和钩虫卵	在使用粪液中不得检出活的血吸虫卵和钩虫卵
	粪大肠菌值	普通沼气发酵 10^{-4},高温沼气发酵 $10^{-1} \sim 10^{-2}$
	蚊子、苍蝇	有效地控制蚊蝇孳生,粪液中无孑孓。池的周围无活的蛆蛹或新羽化的成蝇
	沼气池残渣	经无害化处理后方可用做农肥

(摘自 NY/T 5002—2001 附录 C)

表12 堆肥腐熟度的鉴别指标

项 目	鉴 别 标 准
颜色和气味	堆肥的秸秆变成褐色或黑褐色,有黑色汁液,有氨臭味,铵态氮含量显著增高
秸秆硬度	用手握堆肥,湿时柔软,有弹性;干时很脆,容易破碎,有机质失去弹性
碳氮比(C/N)	一般为 20~30:1(其中一碳糖含量在 12% 以下)
堆肥体积	腐熟的堆肥,肥堆的体积比刚堆肥时塌陷 1/3~1/2
堆肥浸出液	取腐熟的堆肥加清水搅拌后(肥水比例一般为 1:5~10),放置 3~5 分钟,堆肥浸出液颜色呈淡黄色
腐殖化系数	30% 左右

(周新民等,2002)

表13 城镇垃圾农用控制标准

编 号	项 目	标准限值
1	铬(以 Cr 计),mg/kg	< 300
2	总镉(以 Cd 计),mg/kg	< 3
3	总汞(以 Hg 计),mg/kg	< 5
4	总铅(以 Pb 计),mg/kg	< 100
5	总砷(以 As 计),mg/kg	< 30
6	粒度,mm	< 12
7	杂物,%	< 3
8	蛔虫卵死亡率,%	95~100
9	大肠菌值	10^{-1} ~ 10^{-2}
10	总氮(以 N 计),%	> 0.5
11	总磷(以 P_2O_5 计),%	> 0.3
12	总钾(以 K_2O 计),%	> 1.0
13	有机质(以 C 计),%	> 10
14	水分,%	25~35
15	pH	6.5~8.5

(陈杏禹,2002)

表14 农用污泥中污染物控制标准

项　　目	最高允许含量(mg/kg)	
	酸性土壤(pH<6.5)	中性与碱性土壤(pH>6.5)
铬及化合物(以铬计)	600	1000
镉及化合物(以镉计)	5	20
汞及化合物(以汞计)	5	15
铅及化合物(以铅计)	300	1000
砷及化合物(以砷计)	75	75
硼及化合物(水溶性硼)	150	150
铜及化合物(以铜计)	250	500
锌及化合物(以锌计)	500	1000
镍及化合物(以镍计)	100	200
矿物油	3000	3000

(陈杏禹,2002)

(2)生物菌肥　也称微生物接种剂。它是以特定微生物菌种培育生产的含活的有益微生物制剂,其活菌含量要符合标准。根据其对改善植物营养元素的不同,可分为根瘤菌肥料、固氮菌肥料、磷细菌肥料、硅酸盐细菌肥料、复合微生物肥料等5类。生物菌肥一般情况下无毒无害,可提高蔬菜产量和品质,降低硝酸盐含量,逐步消除化肥污染。生物菌肥可用于拌种,也可做基肥和追肥使用,使用量和方法要严格按照说明书的要求。一般情况下,生物菌肥要提倡早施,施用后要保持土壤湿润,与有机肥一起施用效果更佳。

(3)化学肥料

①氮肥类　碳酸氢铵、尿素、硫酸铵等。

②磷肥类　过磷酸钙、磷矿粉、钙镁磷肥等。

③钾肥类　硫酸钾、氯化钾等。

④复合肥料　磷酸一铵、磷酸二铵、磷酸二氢钾、氮磷钾复合肥等。

⑤微量元素肥　以铜、铁、锌、锰、钼等微量元素及有益元素为

主配制的肥料。如硫酸锌、硫酸锰、硫酸铜、硫酸亚铁、硼砂、硼酸、钼酸铵等。

(4)其他肥料　如不含有毒物质的食品、纺织工业的有机副产品、骨粉、骨胶废渣、氨基酸残渣、家畜家禽加工废料、糖厂废料等。

2. 葱无公害生产禁止使用的肥料　①禁止使用未经国家和省级农业部门登记的化肥或生物肥料;②禁止使用硝态氮肥和含硝态氮的复合肥和复混肥等;③禁止施用重金属含量超标的有机肥或无机肥,其中主要重金属含量指标为:砷(As)≤20 毫克/千克,镉(Cd)≤200 毫克/千克,铅(Pb)≤100 毫克/千克;④禁止使用未经无害化处理的有机肥,如未充分腐熟的人、畜粪尿严禁使用;⑤禁止使用有害的城市垃圾和污泥。医院的粪便垃圾和含有害物质如毒气、病原微生物、重金属等的工业垃圾,一律不得直接收集用做肥料。

(二)葱无公害生产的施肥原则

葱无公害生产的施肥总原则是:以有机肥为主,辅以其他肥料;以多元素复合肥为主,单元素肥料为辅;尽量限制化肥的施用,如确实需要,可以有限度有选择地施用部分化肥;必须根据农作物的需肥规律、土壤供肥情况和肥料效应,实行平衡施肥,最大程度地保持农田土壤养分平衡和土壤肥力的提高,减少肥料成分的过分流失对农产品和环境造成的污染。

1. 有机肥施用原则　有机肥的施用原则如下:

第一,堆肥必须经过高温发酵达到无害化标准要求。原则上,有机肥料就地生产就地使用,外来的有机肥须确认符合要求后才能使用。

第二,城市生活垃圾必须经过无害化处理达到国家标准后才能使用。每 667 平方米农田每年限制用量:粘性土壤不超过 3 000千克,沙性土壤不超过 2 000 千克。

第三，如果秸秆还田采用直接翻入土中的形式，则一定要注意秸秆和土壤的充分混合，不要产生根系架空现象，并加入含氮丰富的人、畜粪尿调节碳氮比，以利于秸秆分解。

第四，经充分腐熟，达到无害化要求的沼气肥水及人粪尿也可用做追肥，严禁使用未充分腐熟的人粪尿，禁止将人粪尿直接浇在或随水灌在分葱、细香葱等以食用绿叶为主的植株上。

2. 化肥施用原则 葱无公害生产可以有限度有选择地施用部分化肥，但需遵守下列原则：

第一，正确选用肥料，重视氮、磷、钾肥的配合使用，杜绝偏施氮肥的现象，禁止使用硝态氮肥和含硝态氮的复合肥和复混肥。

第二，严格控制化肥，尤其是氮肥的用量。要根据葱的生育特性、需肥规律、土壤供肥状况、栽培季节、栽培方式等因素进行科学地分析和计算施肥量。一般情况下，每 667 平方米施入化肥不超过 25 千克，最高无机氮素养分施用限量为 16 千克/667 平方米。中等肥力以上土壤[指碱解氮(N)为 80 ~ 100 毫克/千克，有效磷(P_2O_5)为 60 ~ 80 毫克/千克，速效钾为 100 ~ 150 毫克/千克的土壤]，磷、钾肥施用量以维持土壤平衡为准；高肥力土壤[指碱解氮(N)为 100 毫克/千克以上，有效磷(P_2O_5)为 80 毫克/千克以上，速效钾为 180 毫克/千克以上的土壤]，当季不施无机磷、钾肥。

第三，采用科学的施肥方法，坚持基肥与追肥相结合。基肥要深施、分层施或沟施，追肥要结合浇水进行。施用化肥要与有机肥施用结合起来，有机氮与无机氮比例为 2:1。

第四，最后一次追施化肥应在收获前 30 天进行，收获前 20 天不得施用无机氮，防止硝酸盐在葱体内积累。

第五，少用叶面喷肥。虽然叶面喷肥能增产，但氮素在叶片表面直接与空气接触，很容易转化成硝酸盐，由叶片进入葱体内，造成污染。

(三)当前葱生产中的施肥问题

引起葱污染的原因有农药污染、化肥污染、环境污染、包装材料以及在贮运、销售过程中微生物污染、腐烂污染等等。肥料对葱的污染主要有两个途径:一是通过肥料中所含的有毒有害物质如重金属、病原微生物、毒气等直接对葱或土壤造成污染;二是通过施入大量化肥,导致葱体内硝酸盐或其他有害物质的富集。

当前我国在葱生产中存在着有机肥施用量不足和化肥施用过量及氮、磷、钾肥比例失调的问题。我国许多农民对科学施肥及无公害蔬菜生产方面的知识了解不多,一味追求高产,导致化肥特别是氮肥施用过量,而忽视了有机肥的投入。

化肥的过量施用,首先可造成葱体内有害物质的积累,大大降低葱的质量,损害人们的健康。大量施用铵态、硝态氮肥造成土壤和灌溉水中的硝酸盐含量大大增加,同时也污染地下水,使饮用水中的硝酸盐含量超标。据日本的经验,化肥污染地下水需 20～30年,一旦被污染,要解决淡水清洁问题,则将花更长时间。土壤和灌溉水中的硝酸盐是葱等蔬菜污染的主要来源,因为蔬菜是一种易富集硝酸盐的食品。人体摄入的硝酸盐 70%来源于蔬菜,在人体内,硝酸盐经微生物的作用极易还原成亚硝酸盐。亚硝酸盐是一种有毒物质,它可使动物中毒缺氧,更为严重的是,亚硝酸盐能和胃中的含氮化合物结合成强致癌物质,对人体造成极大的伤害。闻名的"蓝婴病"就是由于婴儿吃了硝酸盐含量较高的水冲制的奶粉(乳),使血液变成黑色。国家规定,蔬菜中硝酸盐含量不得超过432 毫克/千克(表15)。

表 15　我国蔬菜硝酸盐污染程度的卫生评价标准

级　别	硝酸盐含量(mg/kg 鲜重)	污染程度	卫　生　评　价
1	≥432	轻　度	允许生食
2	≥785	中　度	不宜生食,允许盐渍、熟食
3	≥1440	高　度	不宜生食、盐渍,允许熟食
4	≥3100	严　重	不允许食用

　　过多施入磷肥,也可对人体造成毒害,因为磷肥中一般含镉,施磷肥过量,镉会在蔬菜中富集,人吃了富含镉的蔬菜同样也会中毒。日本骨痛病就是由镉污染引起的。

　　其次,过量施用化肥和氮、磷、钾比例失调,可造成土壤理化性质变劣,土壤有机质含量降低,耕作层变浅,土壤酸化,缓冲性降低。土壤酸化,钾离子和氢离子浓度增加,会抑制葱对其他营养元素的吸收,导致生理病害和其他病害的发生。因此,无公害葱生产中应注意肥料的合理施用,一方面可以提高葱的产量和品质,使葱体内硝酸盐含量不超标,符合无公害食品的卫生标准;另一方面在减少肥料危害、减轻病虫害发生、改良土壤、保护生态环境方面有良好作用。

(四)葱对肥料的需求及施肥标准的制定

　　1.葱的需肥特点　葱与其他蔬菜在营养元素的吸收上具有以下主要特点:

　　一是吸肥量大。以大葱为例,一般情况下,每生产 1 000 千克大葱,需吸收氮(N)1.84 千克左右,磷(P_2O_5)0.64 千克,钾(K_2O)1.06千克。

　　二是偏好硝态氮。大葱对土壤中的氮肥很敏感。据报道,当土壤中水解氮低于 60 毫克/升时,施用氮肥有良好的增产效果,高产田的土壤水解氮应达到 80～100 毫克/升,但应注意氮肥必须与钾肥配合施用,大葱才能生长良好。

三是喜钾。大葱从生长初期到生长后期都需要钾,无论哪个阶段缺钾都会导致减产,甚至造成不良后果。钾肥可提高大葱假茎品质,同时还可有效减少葱叶干尖、黄叶现象。

但是葱属中的大葱、分葱及细香葱在需肥时期、施肥量等方面也有所不同之处,同时不同栽培方式要求的施肥方式也有差异。例如,在温室和阳畦中进行囤葱生产青葱时,一般不需要施肥,而是完全靠假茎贮存的养分长出新叶;又如,生产冬葱和生产青葱(鲜葱)在确定施肥时期、施肥量等方面也有不同之处。

葱在不同生育期由于生长量不同,需肥吸肥量也不相同。以露地大葱生产为例,大葱在发芽期由种子的胚乳提供营养,几乎不需要外界提供养分。在越冬前的幼苗期,气温较低,生长量小,需肥量也较少。在苗床施足基肥的情况下,一般不需要施肥,多施肥反而易造成幼苗生长过大而发生先期抽薹的现象,或使幼苗徒长而降低越冬能力。越冬期,大葱处于休眠状态,生长极微弱,一般不需要吸收肥料。从返青到幼苗期结束为幼苗生长旺盛期,此期长达80~100天,对冬葱来说,是培育壮苗的关键时期,要提供充足的养分。但为防止幼苗徒长,有时需要人为地限制其对养分的吸收,控制其生长,进行蹲苗;对于生产青葱来说,则是产量形成的关键时期,吸肥量多,不需要人为地加以控制。

定植后,大葱幼苗处于恢复阶段,在夏季高温条件下,缓苗较慢,生长迟缓,吸肥量少。随着天气转凉,植株生长速度加快,是葱白形成的关键时期,也是肥水管理的重要时期,这时大葱吸肥量最大。但在此时还要防止施肥过多,影响冬葱的贮存性能。随着气温下降,大葱遇霜后,植株生长即停止,叶和根系开始衰老,吸肥量迅速下降,直到收刨前,大葱主要靠叶身的养分充分供应。

2. 葱田施肥标准的确定 无公害葱生产,应进行配方施肥。也就是根据土壤原有的营养元素含量和葱生长发育的需肥量,按比例增施肥料。配方施肥既能保证丰产丰收，又不会施肥过量造成硝酸盐污染。肥料的使用量以土壤养分测定分析结果、葱需肥规律和肥料效应为基础确定。现提出以下几个计算施肥量的公式，供菜农参考。

计算肥料施用量公式 1

需增加的某元素施肥量 = (计划产量 − 原来产量)/(1000 千克 × F)----------①式

产量单位是千克，"F"为每生产 1000 千克葱所需要的纯氮、五氧化二磷、氧化钾的数量；"原来产量"是指不施肥时土地的一般产量，是经验估计数字。

计算出需增加的某元素施用量后，再根据肥料的利用率及某种肥料的有效养分含量，就可计算出这种肥料的施用量。公式为：

某肥料用量 = 某营养元素的增施量/(该肥料利用率 × 该肥料有效成分含量)----------②式

以生产章丘大葱为例，章丘大葱的"计划产量"为 5000 千克，未施肥时"原产量"假如为 2500 千克。根据北京市试验研究和调查表明，每生产 1000 千克大葱，需纯氮(N)1.84 千克左右，磷(P_2O_5)0.64 千克，钾(K_2O)1.06 千克。通过公式①计算得出，要达到每 667 平方米产量 5000 千克，需增施纯氮为 4.6 千克，需增施磷(P_2O_5)1.6 千克，钾(K_2O)2.65 千克。

如果施用的是优质猪圈肥，据资料可知，猪圈肥的含氮量为 0.49%，利用率为 25%；含氧化钾为 0.43%，利用率为 25%；含五氧化二磷 0.35%，利用率为 25%。在这样的土壤肥力条件下，根据公式②计算可知，要达到每 667 平方米产 5000 千克的大葱所需的氮肥，每 667 平方米最少要施用猪圈肥 3755 千克，才能满足葱生产的需要。在这样的施肥量下，猪圈肥中磷、钾肥的含量已达到葱生长所需标准，但氮肥只是刚达标，因此，可根据实际情况适当施用尿素作为追肥。

计算肥料施用量公式2

用第一种计算施肥量的方法在确定施肥量时,要求生产者根据以往丰富的经验和对土地肥力的正确估计,所以有时会出现误差,甚至是严重误差,造成施肥不足或过量。为了更科学地确定施肥量,应先对土壤进行养分分析,以取得有关土壤肥力状况的真实数据,而后在此基础上,用下面的公式来计算施肥量:

$$施用量 = \frac{作物携出养分量 - 土壤可提供养分量}{肥料养分含量 \times 所施肥料养分利用率}$$

作物携出养分量(千克) = 单位面积计划产量(吨) × 每吨商品葱养分吸收量

土壤可提供养分量(千克) = 土壤速效养分含量(毫克/千克) × 0.15 × a × b × c

式中,0.15为转换系数;a为蔬菜土地利用系数,一般为0.8;b为不同季节养分调节系数,春季栽培为0.7,秋季为1.2,一般栽培为1;c为土壤速效养分利用系数,土壤速效氮养分利用系数为0.6,土壤速效磷为0.5,土壤速效钾为1。因此,0.15 × a × b × c是一常数,可通过计算得到在不同栽培季节土壤供氮量、土壤供磷量和土壤供钾量。

土壤供氮量(千克/667平方米):春季栽培为"土壤碱解氮(毫克/千克) × 0.0504";秋季栽培为"土壤碱解氮(毫克/千克) × 0.0864";一般栽培为"土壤碱解氮(毫克/千克) × 0.072"。

土壤供磷量(千克/667平方米):春季栽培为"土壤速效磷(毫克/千克) × 0.042";秋季栽培为"土壤速效磷(毫克/千克) × 0.072";一般栽培为"土壤速效磷(毫克/千克) × 0.06"。

土壤供钾量(千克/667平方米):春季栽培为"土壤速效钾(毫克/千克) × 0.084";秋季为"土壤速效钾(毫克/千克) × 0.144";一般栽培为"土壤速效钾(毫克/千克) × 0.12"。

肥料养分含量与养分利用率:不同肥料其养分含量和养分利

用率是不一样的。例如鸡粪中含氮1.63%、磷1.54%、钾0.85%，利用率分别为20%、25%和40%；而猪圈肥含氮0.49%、磷0.43%、钾0.35%，利用率一般为25%。化肥中尿素含氮量为46%，利用率为40%；复合肥一般含氮15%、磷15%、钾15%，利用率分别为40%、20%和15%。所以，在计算施肥量时，一定先要搞清各种肥料的养分含量和养分利用率，才能正确计算。

下面举例说明该公式的应用。如果某块菜地中等肥力，在春季定植章丘大葱前进行土壤养分分析。测得土壤速效氮为75毫克/千克，速效磷80毫克/千克，速效钾120毫克/千克，计划每667平方米产大葱5 000千克。以下计算应施肥量：

作物携出量：每形成1 000千克葱需纯氮（N）1.84千克左右，磷（P_2O_5）0.64千克，钾（K_2O）1.06千克。因此，每667平方米产5 000千克葱需纯氮9.2千克，磷3.2千克，钾5.3千克。

土壤可提供养分量：

土壤供氮量（千克/667平方米）＝土壤碱解氮75（毫克/千克）×0.0504 ＝ 3.78千克/667平方米

土壤供磷量（千克/667平方米）＝土壤速效磷80（毫克/千克）×0.042 ＝ 3.36千克/667平方米

土壤供钾量（千克/667平方米）＝土壤速效钾120（毫克/千克）×0.084 ＝ 10.08千克/677平方米

应施氮量为9.2千克 － 3.78千克 ＝ 5.42千克；应施磷量为3.2千克 － 3.36千克 ＝ －0.16千克；应施钾量为5.3千克 － 10.08千克 ＝ －4.78千克。

从上可以看出，在这样一块中等肥力或中等肥力以上的菜田，用公式对钾、磷肥施用量进行计算，得出结果为负值。这似乎说明土壤自身可提供足够的磷、钾肥供葱生长，当季可以不用再施磷、钾肥。但是葱生产要求土壤提供养分强度高，为了满足葱生长和培养地力、持续高产稳产的需要，要求土壤养分供给量应高于作物携出量的 20%～40%,而如果土壤供给量超过作物携出量 1～2 倍以上时,那就可以不施肥。上述这种情况,当季可以不用再施无机磷、钾肥,因为在增施氮肥的基肥(优质有机肥)中已含有满足葱生长需要的磷肥和钾肥。

从计算结果可知,土壤提供的氮不能满足葱生长的需要,因此可将有机肥以基肥形式施入土中。假如所用肥料为鸡粪,经计算可知每 667 平方米需施入鸡粪量是:5.42 千克/(1.63%×20%)=1 662.58 千克/667 平方米。这一施肥量刚够大葱对氮肥的基本需求,显然还不能满足丰产的需要。如果既要达到高产,又要节省成本、减少肥料浪费,就应该使土壤养分供给量高于作物携出养分量的 20%～40%。因此,每 667 平方米需施入鸡粪 1 995～2 328 千克。在实际生产中,可以基肥(有机肥)和追肥(化肥)的形式分期施入。

按上述计算结果进行配方施肥后,除了大葱吸收的养分外,还有大量营养元素遗留在土壤中,因此土壤肥力呈递增状态。这种施肥量既保证了当前葱生产的产量,又照顾了长远的土壤肥力和降低了生产成本,因而是科学的施肥量。如果低于此施肥量,则葱的产量就受损;高于此施肥量,不仅成本高,对提高葱的产量没有作用,而且会导致葱体中硝酸盐含量超标。

(五)大葱施肥技术

大葱生育期长,需肥量大,除施足基肥外,还要在不同生育期内进行多次追肥。在施肥中,要注意不同营养元素的配合使用。其主要施肥技术有以下两种:

1. 育苗期的施肥技术 育苗期的施肥以基肥为主,并应根据配方施肥。一般每 667 平方米施 2 000～3 000 千克腐熟堆肥或厩肥,如果缺磷地块,每 667 平方米还需施入过磷酸钙 30 千克左右,于整地前将基肥撒施于地面,而后浅耕细耙,使有机肥与土壤充分混匀。第二年幼苗返青前，一般不需再追肥。如果苗小且基肥不足，可结合浇冻水追施少量氮、磷肥。

幼苗返青后，对肥水的需要量增加，是培育壮苗的关键时期。越冬前浇冻水而未追肥的，根据实际情况，可结合浇返青水追施返青肥，以促进幼苗生长。一般每 667 平方米可施硫酸铵 15 千克左右，以后还应随水追肥 1~2 次，每次每 667 平方米施尿素约 10 千克。但在定植前，要控制肥水，防止葱苗发嫩。

2. 定植后的施肥技术 大葱定植地要施足基肥，并施以腐熟的有机肥为主。施肥量可根据施肥公式进行计算。一般每 667 平方米施腐熟的厩肥 3 000~5 000 千克，缺磷地块每 667 平方米再施入过磷酸钙 40 千克左右，在整地前撒施于地面，然后浅耕细耙，使有机肥与土壤充分混匀后刨沟定植。

大葱的追肥应根据大葱的生长特点进行，掌握"前轻、中重、攻中补后"的原则。追肥要与中耕培土及浇水相结合；有机肥与无机肥相结合。追肥以氮肥为主，多用钾肥，兼顾磷肥。定植后，大葱处在炎热季节，营养吸收少，基肥的营养已可满足大葱缓苗和根系发育的需要。立秋后，大葱进入发叶盛期，这时需追施"攻叶肥"，一般每 667 平方米施有机肥 1 500 千克左右，加草木灰 100 千克，而后中耕，使土和肥混匀。白露后，天气凉爽，大葱进入葱白形成期，需肥量最大，一般可追肥两次，每次每 667 平方米施硫酸铵 10~15 千克，或尿素 8~10 千克，草木灰 100 千克，将其施入行间沟内，施后浅中耕。10 月份，大葱生长减慢，一般不需追肥。

第四章　洋葱无公害高效栽培技术

一、概　述

洋葱(*Allium cepa* L.)又名葱头、圆葱、球葱、玉葱等,属百合科葱属中以肉质鳞片和鳞芽构成鳞茎的2年生草本葱蒜类蔬菜。

洋葱原产于中亚,伊朗和阿富汗均有洋葱野生种的分布。世界上洋葱栽培至今已有5 000多年,早在3 200多年前的古埃及已有食用洋葱的记载。据最近报道,洋葱其实早在丝绸之路开通以后就曾多次引入我国,只是由于种种原因,这些相关的史实鲜为人知。洋葱引入我国的确切史料产生在公元十三世纪初叶的宋元间,随着蒙古帝国的征战活动而从中亚传入我国的西部和北部地区,但当时称之为回回葱。因此,洋葱在我国的栽培历史也已比较长久。

我国的洋葱栽培分布很广,南北各地都有种植,尤其在大城市附近栽培较多,是我国的主栽蔬菜之一。我国是世界主产洋葱的国家之一,近年来,我国的保鲜洋葱和脱水加工产品已大量出口,尤其是黄皮洋葱,由于品质佳,深受消费者欢迎。近几年,洋葱大量出口日本等国,成为我国主要的出口蔬菜种类之一。

洋葱原产地属大陆性气候区,气候变化剧烈、空气干燥、土壤湿度有明显的季节性变化。由于长期对这种环境的适应,洋葱在系统发育过程中,形态和生理都产生了相应的变化和适应。在形态方面,洋葱具有短缩的茎盘、喜湿的根系、耐旱的叶型和有贮藏功能的鳞茎。在生理特性方面,洋葱要求较凉爽的气温、中等强度光照、疏松肥沃且保水力强的土壤等,同时还表现出耐寒、喜湿、喜

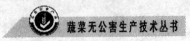

肥等特点。

　　洋葱以肥大的肉质鳞茎供人食用,营养丰富,每100克鲜洋葱头可放出热量130千焦,含蛋白质1克,碳水化合物8克,脂肪0.3克,纤维素0.5克,维生素C 14毫克,含磷46毫克,钙12毫克,铁0.6毫克,胡萝卜素1.2毫克,核黄素0.05毫克,硫胺素0.08毫克,尼克酸0.5毫克,此外,还含芥子酸、桂皮酸、多糖和多种氨基酸等物质。挥发油中含蒜素、硫醇等物质。洋葱素有"保健食品"的美称,其味甘微辛,性温,有平肝、润肺、健胃、解毒、杀虫、促进食欲的功能,可降血脂、降血压、减少血栓和动脉硬化。洋葱还能杀菌治痢疾,将其捣烂外敷可治创伤、皮肤溃疡等。最新研究还表明,大蒜和洋葱的浸出液能抑制几种肿瘤的形成和扩散。从洋葱中提取的洋葱油,在美国、日本、瑞士、法国等发达国家已把它列为抗病如抗艾滋病的主要药品原料。

　　洋葱质地细密,可炒食、煮食或做调味品。洋葱高产耐贮、供应期长,对调剂市场供应、丰富蔬菜种类具有重要作用。

　　随着人们对洋葱保健、药效作用认识的不断深入,国际上洋葱消费量在迅速增加,发达国家对洋葱的进口量也在大大增加。如果我国能抓住这个机遇,大力宣传和推广无公害洋葱生产,充分利用我国廉价的劳力资源和丰富的自然资源,大力发展洋葱无公害生产,必将使我国的洋葱出口事业得到迅猛发展,赚取可观的外汇。

二、生物学特性

(一)植物学特征

1. 根　洋葱的根系是由白色弦线状不定根构成的须根系,着生在短缩茎盘的基部,根系不发达。洋葱无主根和侧根的区别,根系弱,几乎无根毛。根系分布较浅,90%左右分布在 20 厘米的表土层范围内,因而吸肥、保水保肥和耐旱性均较弱。

洋葱根系生长适应的温度较地上部分低,地下 10 厘米处旬平均地温达 5℃时,根系便开始生长;10℃~15℃时,生长加快,是洋葱根系生长的最适宜温度;24℃~25℃时,根系生长减缓。

2. 茎 洋葱在营养生长期间,茎短缩成扁圆形圆锥体即茎盘,叶和幼芽生于其上,须根系生于其下(图 3)。在生殖生长期间,生长锥分化花芽,抽生花薹。花薹筒状中空,中部膨大,顶端形成伞形花序,开花结实。顶生洋葱,由于花器退化,在总苞中形成气生鳞茎。

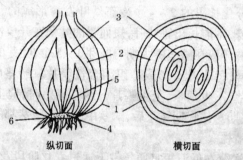

纵切面　　　　横切面

图 3　洋葱鳞茎纵横解剖示意图
1. 膜质鳞片　2. 开放性肉质鳞片　3. 闭合性肉质鳞片
4. 茎盘　5. 叶原基　6. 不定根
(引自《蔬菜栽培学各论·北方本》)

3. 叶 洋葱的叶分叶身和叶鞘两部分。叶身圆筒形稍弯曲,深绿色,表面有蜡粉,叶身内侧的下半部有纵向凹沟。叶身是洋葱的主要同化器官,叶数和叶面积影响洋葱的产量和质量。叶数的多少和叶面积的大小,则主要取决于洋葱抽薹与否、幼苗生长期的长短和栽培管理技术。

叶身的下部为叶鞘。叶鞘圆筒状,淡绿色或白色。许多叶鞘相互抱合成圆柱形的假茎,一般为 10~15 厘米。洋葱在生育初期,假茎的基部不膨大,上下粗细比较均匀;到生长的中后期,叶鞘基部因贮藏越来越多的营养物质而日益膨大,形成肥厚的鳞片,许多肥厚的鳞片抱合成球状肉质的鳞茎。叶鞘的层数和肥厚程度直接影响洋葱鳞茎的大小。鳞茎成熟前,最外面的 1~3 层叶鞘基部因所贮养分向内转移而变成膜质鳞片。这种膜质鳞片就成为鳞茎的外皮,具有保护内层鳞片、减少蒸腾的作用。

洋葱的鳞片,可分为开放性鳞片和闭合性鳞片两种。开放性鳞片是最后长出的 3~4 个功能叶的叶鞘基部加厚生长而形成的。它包在洋葱鳞茎的外层,其上部有正常的叶鞘和功能叶。闭合性鳞片是叶芽分化长出的 2~3 个变态幼叶发育形成的。这种变态幼叶没有叶身,不能长出管状叶,短而粗的叶鞘在开放性鳞片中加厚生长。每株洋葱在鳞茎膨大期有叶芽 1~5 个,叶芽的数量因洋葱的品种而异,每个叶芽形成一组闭合性鳞片。鳞茎的基部有 1 个盘状短缩茎,下生须根,上生鳞片。鳞茎成熟时,地上部叶片枯萎,进入休眠期。休眠期结束后,鳞茎中的每个腋芽都能抽生新叶长成一棵新植株。

4. 花 洋葱在低温短日照条件下通过春化阶段,在温暖长日照条件下抽薹开花、结实,或顶生气生鳞茎。花薹顶生球状花序,花序上一般着生 200~300 朵白色小花,多的达 400~900 朵,最多可达 2 000 朵以上。洋葱花被 6 枚,其中萼片和花瓣各 3 枚,白色至淡绿色,颜色和形状均很相似,难以分辨。两性花,雄蕊 6 枚,分轮排列,内轮基部有蜜腺。雌蕊受精后结实,子房 3 室,每室 2 个胚珠。洋葱为雄蕊先熟植物,花柱在花初开时长度仅 1 毫米左右,大约 2 天后花粉散尽才达到成熟的长度(约 5 毫米)。洋葱为异花授粉作物,但自交结实率也较高,在采种时要注意不同品种之间应隔离。

5. 果实和种子 洋葱的果实为三角形蒴果,成熟后自行开裂,每个果含种子6粒。种子黑色,三角形,表面有不规则的皱纹,脐部凹洼较深。种皮角质,较坚厚,不易透水。种皮内侧有膜状的外胚乳,其内为内胚乳和胚。胚乳中有丰富的脂肪和蛋白质,胚处于内胚乳中间,呈螺旋形。种子的千粒重为2.8~3.7克,其生产上的使用寿命一般是1年。

(二)生育周期

洋葱为2~3年生蔬菜,生育周期的长短因栽培地区及育苗方式的不同而异。在其整个生育周期中,可分为营养生长和生殖生长两大阶段,每个阶段又可分为不同时期。

1.营养生长期 从播种至花芽分化为洋葱的营养生长期。一般可将营养生长期分为发芽期、幼苗期、叶生长盛期、鳞茎膨大期和休眠期。

(1)发芽期 从种子萌动到第一片真叶出现为发芽期,需10~15天。洋葱种子发芽的速度与温度关系密切。5℃以下发芽缓慢,12℃以上发芽较快,在适宜的条件下7天左右出土。洋葱种子种皮坚硬,发芽慢,要注意播种不宜过深,覆土不宜太厚,并在幼苗出土前保持土壤经常湿润,防止板结。

(2)幼苗期 从第一片真叶出现至长出4~5片真叶为幼苗期。一般幼苗期在定植时结束,但如果是秋季播种冬前定植的,则幼苗的越冬期也属于幼苗期。幼苗期的长短,随各地播种期、定植期不同而异。秋季播种冬前定植的,幼苗期为180~210天,包括冬前生长期40~60天,越冬休眠期110~120天,春季返青生长期约30天;春播春栽的,幼苗期为60天左右。

(3)叶生长盛期 从植株长出4~5片叶至达到并保持8~9片功能叶,且叶鞘基部开始膨大称为叶生长盛期。也就是从春季返青以后,一直到鳞茎开始膨大的一段时间,需40~60天。这一时期与幼苗期没有质的区别,却是形成最大同化面积、发达根系和生长最快的时期。这时期绿叶数增多,叶面积迅速扩大。随着叶片的旺盛生长,叶鞘基部增厚,鳞茎开始缓慢膨大。由于生长旺盛,植株需水需肥量大,所以要保证充足的水肥供应,以促进地上部分生长,为鳞茎的膨大打下基础。

(4)鳞茎膨大期 从植株停止发新叶且叶鞘基部开始膨大至鳞茎发育成熟为鳞茎膨大期。叶生长盛期结束后,气温升高,日照加长,地上部开始停止生长,营养物质向叶鞘基部和侧芽输送,使叶鞘基部日益膨大形成鳞茎。鳞茎膨大的末期,叶身开始枯黄,假茎变松软,鳞茎最外面的1~3层鳞片干缩成膜状时即可收获。此期需40天左右。

(5)休眠期 成熟的鳞茎收获后,洋葱进入休眠期。休眠期是洋葱对原产地夏季高温干旱长期适应的结果。在这个时期即使给予良好的发芽条件,洋葱也不会发芽,因为处于生理休眠的洋葱对外界环境条件不敏感。洋葱的休眠现象,是洋葱可以贮藏较长时间的生理基础。休眠期的长短因品种、贮藏条件而异,一般为60~90天。通过休眠期后,一旦条件适宜,洋葱鳞茎就会发根萌芽。

2. 生殖生长期 洋葱从开始花芽分化至形成种子为生殖生长阶段。这个阶段包括抽薹开花期和种子形成期,需240~300天。

(1)抽薹开花期 洋葱鳞茎在贮藏期间感受低温条件,即可通过春化阶段。在洋葱生理休眠期结束以后,将鳞茎定植于大田中,在高温和长日照条件下,就可形成花芽。每个鳞茎可抽生2~5个花薹,然后开花结实。一朵小花的花期一般为4~5天,每个花序的开花时间持续10~15天;同一植株不同花薹的抽生时间也有早晚,所以洋葱的花期一般为30天左右。

(2)种子形成期 从开花至种子成熟约需25天。一般情况下,温度高,种子成熟快,但饱满度差;温度低时,种子成熟慢。

(三)对环境条件的要求

1. 温度 洋葱是耐寒性植物,健壮的幼苗能耐 $-6℃ \sim -7℃$ 的低温,但鳞茎在 $-4℃$ 时会受冻。洋葱有效生长温度为 $7℃ \sim 25℃$,最适宜生长温度为 $13℃ \sim 22℃$,但洋葱的不同生育期对温度的要求有所不同。种子发芽的最适温为 $18℃ \sim 20℃$,$5℃$ 以下不发芽,$12℃$ 以上发芽迅速。幼苗较耐低温,其叶可耐 $0℃$ 的低温,生长的最适宜温度为 $12℃ \sim 20℃$。叶生长盛期的最适温为 $17℃ \sim 22℃$,温度过低生长缓慢,过高则会提早结束叶生长盛期,影响后面的鳞茎膨大。鳞茎膨大最适温为 $20℃ \sim 26℃$,此期温度如果过低,鳞茎膨大就缓慢;但洋葱不耐热,超过 $26℃$,鳞茎膨大则受阻,全株生长衰退,进入休眠状态。休眠期的成熟鳞茎对温度的适应性最广,在 $5℃ \sim 35℃$ 的范围内,其生理功能都不受影响。洋葱抽薹开花期的适宜温度为 $15℃ \sim 20℃$,种子发育适宜温度为 $20℃ \sim 25℃$。如温度偏低,种子成熟期延迟。

2. 光照 洋葱生长发育要求中等强度的光照,低于果菜类,高于叶菜类。除了光照强度,日照长短对洋葱的正常生长也具有十分重要的意义。

洋葱抽薹开花和鳞茎形成都需要长日照条件,光周期对鳞茎的形成影响很大。一般情况下,日照时间越长,鳞茎形成越早、越迅速。鳞茎形成对日照时数的要求因品种而异。有些品种(多为北方品种)需要 15 小时以上日照条件才能形成鳞茎,这些品种常被称为长日照型品种。有些品种(多为南方品种)在日照时数 13 ~ 15 小时,鳞茎就能开始膨大,这些品种常被称为短日照型品种。还有些品种,其鳞茎的形成对日照数要求不太严格。在引种时,应了解洋葱品种特性,考虑所引品种是否符合当地的日照条件。如果把长日照型品种引入南方种植,会因南方日照长度不能满足需要而延迟鳞茎的形成和成熟。同样,短日照型品种如果在北方种植,其鳞茎会在地上部分未长成以前就已形成,这同样会降低鳞茎的产量和质量。

3. 水分 洋葱叶片管状,上有蜡粉,蒸腾作用小,比较耐旱,故空气相对湿度不宜过大,一般以 60% ~ 70% 为合适。如果湿度过大,发病率会增加。

洋葱的根系分布较浅,吸水能力差,在生长期间一般要保持土壤湿润,特别在发芽期、叶生长盛期和鳞茎膨大期,需要供给充足的水分。但幼苗在越冬前,应控制水分,防止幼苗徒长而遭受冻害。鳞茎成熟前 1 ~ 2 周,应控制浇水,以促鳞茎充实,加速鳞茎成熟,提高其品质;同时较低的土壤湿度还有利于减少鳞茎的水分含量,防止其开裂,提高贮藏品质。进入休眠期的洋葱对高温干旱或低温干旱都有较强的忍耐力,但高温干旱会使鳞茎内水分减少,挥发性物质含量增高而辛辣味较浓。贮藏的洋葱要求湿度不能太大,否则易引起贮藏病害。

4. 土壤营养 洋葱要求肥沃、疏松、保水保肥能力强的中性土壤。在粘壤土中生长,洋葱鳞茎充实,色泽好,耐贮。但过于粘重的土壤透气性和透水力差,不利于洋葱发根和鳞茎膨大。轻质沙土因其保水保肥能力差,也不适合种植洋葱。洋葱生长的适宜 pH 值为 6 ~ 8。

洋葱喜肥,对土壤的肥力要求高。据试验发现,每形成 1 000 千克洋葱需氮(N)1.98 千克,磷(P_2O_5)0.75 千克,钾(K_2O)2.66 千克。洋葱在不同时期对肥料种类和数量的需求有差异。例如,幼苗期以氮肥为主,鳞茎膨大期要增施磷肥、钾肥。

三、品种类型和优良品种

洋葱的品种类型从形态分类上可分为普通洋葱、分蘖洋葱和顶球洋葱 3 种类型。我国栽培的洋葱多为普通洋葱,分蘖洋葱和顶球洋葱栽培较少。

(一)品种类型

1.普通洋葱(*Allium cepa* L.)　每株形成1个鳞茎,生长强壮,个体大,品质好。能正常开花结实,以种子繁殖,少数品种在特殊环境条件下在花序上形成气生鳞茎。耐寒性一般,鳞茎休眠期较短,贮藏期易萌芽。我国栽培的多为此种类型。

普通洋葱,按其鳞茎的形状可分为扁圆形、扁平形、球形、长椭圆形及长球形(图4)。按其成熟度的不同可分为早熟、中熟和晚熟。也可以按不同地理纬度将洋葱分为3个类型:

"短日"类型——适应于我国长江以南,纬度在北纬32°~35°地区。这类品种多为秋季播种,翌年春、夏季收获。

"长日"类型——适应我国东北各地,纬度在北纬35°~40°以北地区。这类品种一般早春播种或定植(用小鳞茎),秋季收获。

中间类型——适应于长江及黄河流域,纬度在北纬32°~40°地区。这类品种,一般秋季播种,翌年晚春至初夏收获。

在每一类型品种中,还可以按鳞茎皮色,分为黄皮洋葱、红皮洋葱和白皮洋葱3种。

(1)黄皮洋葱　鳞茎的外皮为铜黄色或淡黄色,扁圆形、球形或高桩球形,味甜而辣,品质好,鳞茎含水量低。产量比红皮洋葱低,耐贮藏,先期抽薹率低,多为中晚熟品种。

(2)红皮洋葱　鳞茎球形或扁圆形,紫红至粉红色,含水量较高,辛辣味浓,品质较差。丰产,耐贮性稍差,多为中晚熟品种。

(3)白皮洋葱　鳞茎外皮白色,接近假茎的部分稍显绿色,鳞茎稍小,多为扁圆形。肉质细嫩,品质优于黄皮洋葱和红皮洋葱。产量较低,先期抽薹率高。抗病性和贮藏性较差。一般为早熟品种,我国栽培较少。

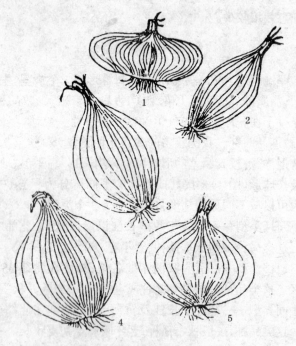

图 4　洋葱的外形

1.扁平形　2.长椭圆形　3.长球形　4.球形　5.扁圆形

(黄伟等,2000)

2．分蘖洋葱(*A . Cepa* L. var. *multiplcans* Bailey syn. var. *Agrogatum Don.*)　与普通洋葱的茎叶相似,但管状叶略细,叶长约30厘米,深绿色,叶面有蜡粉。分蘖力强,丛生,植株矮小,单株分蘖后在其基部可形成7~9个小鳞茎,簇生在一起。鳞茎个体小,球形,外皮铜黄色或紫红色,半革质化,内部鳞片白色,微带紫色晕斑。品质较差,但耐贮藏、耐严寒。通常不结种子,以小鳞茎繁殖,适合于严寒地区种植。其食疗价值较高,在东南亚市场需求量较大。

3．顶球洋葱(*A . Cepa* L. var. *viviparum* Metz.)　与普通洋葱在

営养生长时期相似,但基部不形成肥大的鳞茎。在生殖生长期一般不开花结实,而在花茎上形成7~8个气生鳞茎,以气生鳞茎作为繁殖材料,可直接栽植。既耐贮又耐寒,适合严寒地区种植。

(二)优良栽培品种

1. 黄皮品种

(1)熊岳圆葱

辽宁省熊岳农业职业技术学院育成。植株生长旺盛,株高70~80厘米,叶色深绿,有叶8~9片,叶面有蜡粉。鳞茎为扁圆形,纵径4~6厘米,横径6~8厘米,外皮为淡黄色,有光泽,内部鳞片乳白色。单球重130~160克。早熟。抗寒,抗旱,抗病,耐盐碱。不易先期抽薹。肉质细密,味甜而脆。每667平方米产量3 500千克左右。

(2)黄玉葱头

河北省承德市农家品种。株高50厘米,开展度40厘米,叶色深绿,叶面有蜡粉,有叶9~11枚,叶身长30厘米。鳞茎近圆形,纵径5~6厘米,横径7厘米以上,单球重150~200克。外皮黄褐色,内部鳞片淡黄色。肉质细嫩,辣味适中,品质好。早中熟。耐寒,耐热,耐贮。抗霜霉病、紫斑病能力弱。每667平方米产量1 250~1 750千克。

(3)大水桃

天津市郊优良农家品种。株高约60厘米,管状叶的横断面为大半圆形,深绿色,叶面布少量蜡粉。鳞茎呈球形,纵横径比为1:1,中等大小的鳞茎横径为5厘米,大型鳞茎可超过7厘米。单球重约200克。鳞茎外皮橙黄色,内部鳞片为黄白色。纤维少,辣味较浓,品质佳。耐贮性较差。每667平方米产量3 000~3 500千克,适宜出口。

(4)荸荠扁葱头

天津市郊农家品种。叶长 40 厘米,功能叶数为 9 ~ 10 枚,绿色,蜡粉较多。鳞茎扁球形,纵径 4 ~ 6 厘米,横径 7 厘米,外皮黄色间带褐红色,内部鳞片淡黄色。单球重 100 克以上。含水少,味较辣,品质好,耐贮藏。中熟。不易抽薹。耐寒,耐热,耐贮运。每 667 平方米产量约 2 500 千克。

(5)北京黄皮洋葱

北京市地方品种。成株有功能叶 9 ~ 11 片,叶深绿,叶面上有蜡粉。鳞茎扁圆至高桩圆球形,纵径 4.5 ~ 5.7 厘米,横径 7 ~ 9 厘米,颈部较细,粗约 2 厘米,外皮黄白色。单球重 150 ~ 200 克。肉质细嫩,纤维少,辣叶较小,略甜。含水量少,耐贮藏。耐寒不耐热。每 667 平方米产量 1 500 ~ 2 000 千克。

(6)济州中高黄

极早熟品种。生长势中强,球的膨大较快。鳞茎高球形,金黄色,球高 5.5 ~ 6.5 厘米,横径 7 ~ 8 厘米。单球重 240 ~ 250 克。贮藏期一般为 75 ~ 85 天。耐寒性较弱,品质好,适合出口。

(7)13 号圆葱

山东省莱阳市蔬菜研究所育成。1992 年通过市级鉴定。植株长势旺盛,成株有管状功能叶 8 ~ 9 片,叶片直立,绿色,长约 40 厘米。鳞茎圆球形,直径 8 ~ 10 厘米,外皮光滑,黄色,内部鳞片白色微黄。单球重 250 ~ 350 克。质地致密,味甜而稍辣,品质佳。晚熟品种,抗病性强,每 667 平方米产量 6 000 ~ 8 000 千克。

(8)泉州中甲高黄洋葱

日本引进种。生长整齐,熟期一致,不易抽薹。鳞茎圆球形,外皮淡白黄色,内部鳞片乳白色,球径 8 ~ 9 厘米。单球重 350 克以上,最大鳞茎重可达 620 克。味甜而微辣,品质优,生熟食皆可,风味独特。中晚熟。耐寒性强,适应性广,高抗紫斑病、疫病,较抗霜霉病。丰产。不易抽薹。适宜生长温度为 18℃ ~ 22℃,属长日照品种。每 667 平方米产量 7 000~8 000 千克。产品大部分加工出口日本、韩国。

(9)金球 2 号

北京市农林科学院蔬菜研究中心从日本黄金玉葱系选而成的中日照品种。地上部长势旺盛,叶片深绿色,有蜡粉。鳞茎高桩球形,外皮金黄色,长势整齐,纵径 7~8 厘米,横径 8~10 厘米。单球重 250~300 克。内部鳞片 8~11 层,乳白色,鳞茎大多数只有 1 个中心芽。质地细嫩,辣味适度,水分含量适中,品质好。抗逆性强,抗病耐寒。鳞茎顶部紧实,十分耐贮。适应性广。中早熟。产量高。每 667 平方米产量 4 000 千克以上。是鲜食、加工与出口的理想品种。

(10)连葱 3 号

由连云港市大麦品种改良中心于 1996 年育成,经连云港市农作物品种审定小组审定。株高 70 厘米左右,有管状叶 9~11 片,深绿色,有蜡粉。鳞茎圆球形,纵横径比为 1:1.2 左右,外皮金黄色,内部鳞片黄白色,单球重 300 克左右。质地细嫩,甜辣适中,品质好。抗寒。耐热。较耐贮运。属中熟、中日照品种。适于出口。每 667 平方米产 4 000 千克左右。

(11)东科苹果洋葱

黑龙江省东北农业科技有限公司用从日本引入的品系选育而成。2000 年被黑龙江省农作物品种审定委员会批准为推广品种。植株高度适中,叶粗壮。鳞茎圆形,横径 7.6 厘米,纵径 6.8 厘米,有鳞片 9 片,外皮铜黄色,光泽鲜亮,外形酷似苹果。单球重约 200 克。味甘辛适口,属偏甜型洋葱。耐寒,属长日照类型,可在北纬 40°~50° 的高寒地区种植。自然休眠期长达 8 个月,因而极耐贮藏。每 667 平方米产量达 6 000~8 000 千克。

(12)大 宝

从日本引进的黄皮洋葱品种。植株生长势强,有管状叶 8~9

片,绿色。鳞茎圆形偏高,横径7~9厘米,纵径7~10厘米,外皮橘黄色,有光泽,内部鳞片乳白色。单球重300克左右。辛辣味淡。鳞茎膨大性好,整齐均一,抽薹、分球少。抗霜霉和灰腐病。中熟。每667平方米产5 000千克以上。是出口洋葱品种。

(13)西班牙黄皮

叶深绿色,最适种植纬度为38°~48°,熟期为105~110天。鳞茎近圆球形,硕大,单心率高。皮金棕色,色泽好。果肉紧实,洁白,品质佳,味较辛辣。耐抽薹,耐病。特耐贮藏,贮藏期可达6~8个月。长日照品种,是出口品种中的佼佼者。

2. 红皮品种

(1)北京紫皮

北京市品种。植株高60厘米以上,开展度约45厘米,成株有功能叶9~10片,深绿色,有蜡粉。鳞茎外皮红色,内部鳞片为浅紫红色,纵径5~6厘米,横径9厘米。单球重250~300克。鳞片肥厚,但不紧实,含水量大,品质中等。生理休眠期短,易发芽,耐贮性差。每667平方米产量2 500千克,高产的可达4 000千克。

(2)高桩红皮

由陕西省农业科学院蔬菜研究所选育而成。植株健壮,叶色深绿,有蜡粉。鳞茎纵径7~8厘米,横径9~10厘米,外皮紫红色,内部鳞片白色带紫晕。单球重150~200克。抗寒力较强,不耐贮,属中晚熟品种。每667平方米产量3 500~4 000千克。

(3)甘肃紫皮

甘肃省地方品种。株高70厘米以上,成株有10枚功能叶,叶色深绿,有蜡粉。鳞茎扁球形,纵径4~5厘米,横径9~10厘米,外皮紫红色,半革质化,内部鳞片7~9层,淡紫色。单球重250~300克。辣味浓,水分多,品质中等。抗寒抗旱,休眠期短,不耐贮藏。每667平方米产3 500千克左右。

(4)南京红皮

南京市地方品种。株高 70 厘米,鳞茎扁球形,外皮紫红色,内部鳞片白色带紫红色晕斑,内有鳞芽 2 ~ 3 个。单球重 100 ~ 150克。辣味重。抗寒性强,休眠期短,耐贮性较差。每 667 平方米产1 750 ~ 2 000 千克。

(5)江西红皮

江西省地方品种。株高 50 ~ 70 厘米,开展度 45 厘米。叶色深绿,蜡粉少。鳞茎扁球形,纵径 5 厘米,横径 7 厘米,外皮紫红色。半革质化,内部鳞片浅紫红色。单球重 200 克以上。辣味较浓,质地疏松,较脆,易失水。耐贮性差。每 667 平方米产 1 750 ~ 2 000 千克。

(6)福建紫皮

福建省地方品种。植株直立,株高 50 厘米。叶色深绿,蜡粉多。鳞茎扁球形,纵径 5 厘米,横径 8 厘米,外皮紫红色。半革质化,内部鳞片白色微带淡紫色。单球重 120 克左右。甜辣适中,品质较好,可鲜食。休眠期短,不耐贮藏。属短日照品种。每 667 平方米产 1 000 千克左右。

(7)广州红皮

广州市地方品种。植株直立,株高 50 厘米左右,开展度 25 厘米。管状叶中下部比一般红皮品种粗,横径达 2 厘米,深绿色,有蜡粉。鳞茎扁圆形,纵径 4 ~ 5 厘米,横径约 7 厘米,外皮紫红色,半革质化。单球重 100 ~ 150 千克。耐寒。抗病性强。不耐高温。属短日照品种。

(8)金华红皮洋葱

浙江省金华地方品种。株高 65 厘米,叶呈深绿色,管状,有蜡粉。鳞茎表面呈紫红色,扁圆形,直径 10 厘米左右,高 7 厘米。单球重约 300 克。商品性好,质细嫩,味甜辣,品质特佳。生长势强,不易抽薹,耐肥水,耐贮运,抗寒,抗病。一般每 667 平方米产 4 000

千克以上。适于我国大多数地区栽培。

(9)紫 星

由河北省邯郸市蔬菜研究所经系统选育而成。1998年通过河北省农作物品种审定委员会审定。株高65～75厘米,有管状叶9～11片,叶片上冲,灰绿色,叶面蜡粉多。鳞茎扁圆形,横径8～9厘米,纵径6～7厘米,外皮深紫红色,色泽鲜亮,内部鳞片白色。平均单球重250克左右,最大单球重可达400克以上。质地脆嫩,辛辣有甜味,品质优良。对各种土质适应性强,较耐旱,中抗霜霉病和紫斑病,休眠期长,极耐贮藏。最适合黄河中下游各省种植。平均每667平方米产量6 000千克,高产田可达7 000千克以上。

(10)红 太 阳(sun red)

中日照品种。植株生长势强,适应性广。鳞茎近圆球形,外皮紫红色,色泽鲜亮,收获15天后色泽变深。单球重在250～300克之间。辛辣味适中,口感极好,特别适合做色拉。

3. 白皮品种

(1)江苏白皮

江苏省扬州市地方品种。植株较直立,株高60厘米以上。叶细长,叶色深绿,有蜡粉。鳞茎扁球形,纵径6～7厘米,横径9厘米,外皮黄白色,半革质化,内部鳞片白色,内有鳞芽2～4个。单球重100～150克。质地脆,较甜,略带辣味。耐寒性强。早熟。每667平方米产1 500～1 750千克。

(2)新疆白皮

新疆维吾尔自治区地方品种。植株长势中等,株高60厘米,开展度20厘米。成株有功能叶13～14片,叶色深绿,蜡粉中等。鳞茎扁球形,纵径5厘米,横径7厘米,外皮白色,膜质,内部鳞片白色,约15层,单球重150克。质脆,较甜,微辣,纤维少,品质佳。休眠期短。早熟。每667平方米产量2 000千克。

(3)系选美白

由天津市农业科学院蔬菜研究所选育而成。株高 60 厘米,成株有功能叶 9~10 片,蜡粉少。鳞茎圆球形,球径 10 厘米左右,外皮白色,半革质化,内部鳞片为纯白色,单球重 250 克左右。内部鳞片结构紧实,不易失水,质脆,甜辣味适中。抗寒,耐贮,耐盐碱。不易抽薹。每 667 平方米产量 4 000 千克左右。

(4)白　皮

长日照中早熟白皮洋葱品种。最适种植纬度为 38°~48°。成熟期约为 110 天。圆球形鳞茎,硕大,皮白色。果肉紧实,洁白,口味辛辣。耐贮藏,适合脱水加工及鲜食。

4.分蘖洋葱和顶球洋葱品种

(1)吉林分蘖洋葱

在吉林省双阳县、湖北省房县、四川省奉节县、巫山县均有栽培。一般特性如下:植株丛生,叶管状略细,叶面着蜡粉,深绿色,叶长 30 厘米左右。鳞茎圆球形,外皮紫红色,半革质化,内部鳞片白色带紫色晕。单球重 150 克。品质中等。早熟。从定植鳞茎球至收获鳞茎只需 70 天。植株分蘖性强,单株有 9 个左右。

(2)东北顶球洋葱

又名头球洋葱、毛子葱、埃及洋葱。在黑龙江省哈尔滨市郊、吉林省双阳县等地均有栽培。植株丛生,细管状叶长约 30 厘米,叶横断面为半圆形,绿色,有蜡粉。鳞茎多为纺锤形,外皮黄褐色,半革质化。单球重 150~300 克。植株分蘖力强,每株可生成多个鳞茎。花茎上着生鳞茎球,有黄皮和紫红皮两种类型。有的气生鳞茎在薹上生出小叶,可以做种球。鳞茎耐贮藏,辣味中等。

(3)西藏红葱

又名藏葱、楼子葱。在西藏自治区拉萨、日喀则、南木林、萨嘎等地均有栽培。株高 60~75 厘米,开展度 40~60 厘米,叶管状,中等粗细,深绿色,有蜡粉。假茎高 30 厘米左右,直径 1~1.5 厘米,不膨大生长,外皮红褐色,半革质化,内部鳞片白色。每株可分蘖5~8株,每个分蘖着生4~8片叶。在西藏地区6~7月间抽生花薹,花薹顶部着生气生鳞茎10~16个,并间开小花,但不结籽。气生鳞茎可生叶,也可不生叶而又形成花薹,并在花薹上着生气生鳞茎,形成花薹重叠呈楼层状。抗寒,耐旱,耐热。适应性极强。

(4)甘肃楼子葱

又名甘肃红葱。在甘肃省河西走廊及其他干旱地区均有栽培。株高80~90厘米,管状叶粗细中等,有蜡粉,深绿色。假茎长30厘米,直径1.9厘米,外皮褐黄色。每株可分蘖5~6个单株。单丛重100~150克。花薹抽生后,也会形成花薹重叠现象。耐寒,耐旱,较耐瘠薄。分蘖性、抗逆性和适应性均较强。每667平方米产2500千克左右。

(5)河曲红葱

又名旱葱、楼子葱。是山西省河曲县地方品种。植株丛生,叶细管状,有蜡粉,深绿色。在当地5~6月份分株抽薹,花薹顶部着生气生小鳞茎,产生小叶,其中1~3个鳞茎不生叶而抽花薹,在其上面又着生气生小鳞茎而呈楼层状。气生鳞茎和分蘖株均可做繁殖材料。耐旱,抗寒。抗逆性强,适应性广。分蘖力强。

(6)陕北红葱

陕西省延安、榆林地区地方品种。株高60~80厘米,管状叶深绿色,中等粗细,有蜡粉。鳞茎扁柱形,长23~31厘米,外皮赤褐色,半革质化。5~6月抽薹,花薹顶部丛生紫红色气生鳞茎3~14个,其中1~3个鳞茎芽呈花薹状,上面也有气生鳞茎,花薹呈楼层状,鳞茎辛辣味和芳香味浓。晚熟。抗寒,耐旱,耐瘠薄。分蘖力强。单丛重380克左右,每667平方米产量1000~1500千克。

四、栽培季节与茬口

洋葱鳞茎膨大需要适当的温度和光照条件,因此,各地应根据当地的气候特点,安排育苗和定植时间。一般可分4种情况:

一是我国黄河流域等中纬度地区,冬季最寒冷月份的平均温度在 $-5℃ \sim 7℃$ 之间,洋葱可在露地条件下安全越冬,但停止正常生长。这类地区一般秋季露地育苗,初冬定植,翌年夏季收获。

二是我国华北北部、东北南部、西北大部分地区,冬季寒冷,最冷月份平均气温低于 $-5℃$,洋葱幼苗不能正常越冬,需要集中保护越冬,翌年春季定植,夏季形成鳞茎(表16)。

表16 中国北方地区洋葱栽培季节 (单位:旬/月)

地 区	播种期	定植期	收获期
北 京	上/9	中下/3	下/6
石家庄	上/9	下/10或中/3	下/6
济 南	上/9	上/11	下/6
郑 州	中/9	上/11或下/2	下/6
西 安	中/9	下/10至上/11	下/6
太 原	下/8	下/3	中/7
沈 阳	下/1至上/2	中/4	中/7
长 春	上/2	上中/4	中/7
乌鲁木齐	上/4或中/10	上/4至上/5	下/8至上/9
呼和浩特	上中/4或中/8	上/6或下/4至上/5	下/9或下/7

(陆国一等,2003)

三是我国南方地区,冬季月平均气温超过 $7℃$,洋葱幼苗可在露地条件下继续生长。一般初冬播种,冬季长成幼苗,翌年早春定植,初夏形成鳞茎。

四是在夏季冷凉的山区和高纬度的北部地区,一般春季露地播种育苗,夏季定植,秋季收获。

洋葱忌重茬,栽培上应选择 2～3 年未种过葱蒜类的地块。秋栽主要以茄果类、豆类、瓜类和早秋菜为前茬,春栽多利用冬闲地。洋葱的后作主要是秋架豆、秋土豆等早秋菜。洋葱植株矮,管状叶直立,适合与其他蔬菜间作套种。例如在洋葱畦边可点种玉米,但玉米不能种得太密;可与黄瓜、番茄等高秧作物隔畦间作;可与速生蔬菜套种;可与矮生蔬菜间作等。

五、栽培技术

(一)播种育苗

1. 播种期 洋葱属耐寒性蔬菜,生育期长,产品形成要求长日照和高温条件,故在北方地区,一般采用露地栽培,1 年生产 1 茬。洋葱幼苗生长缓慢,占地时间长,在生产上一般都采用育苗移栽。

生产上栽培洋葱有严格的季节性,如华北地区多进行秋播,幼苗冬前定植,在露地条件下越冬。东北和西北的高寒地区秋季播种,对幼苗进行保护越冬,春季定植。也可在早春保护地育苗,春季定植。长江流域以秋播夏收为主,也就是在秋季进行露地育苗,冬前定植并在露地条件下安全越冬。

洋葱播种期的选择十分重要,应根据当地的温度、光照和选用品种的熟性早晚而定,如果选择不当,会影响洋葱的产量与质量,还会发生未熟抽薹的危险。播种过早,幼苗过大,直径超过 0.9 厘米,易在冬季感受低温通过春化阶段而在翌年发生先期抽薹现象,降低商品率。播种过晚,幼苗过小,越冬能力差,定植后生长期推迟,茎叶生长量不够,使鳞茎不能充分膨大而降低产量和质量。因此,培育适龄壮苗是洋葱高产的关键。壮苗的标准一般是:苗龄 50 天左右,苗高 20～25 厘米,4～5 片叶,茎粗 0.6～0.8 厘米,根系发达、无病虫害。一般情况下,应在当地平均气温降到 15℃前 40 天左右播种。华北地区在 8 月下旬至 9 月上旬播种;江淮地区在 9 月中下旬播种;东北地区在温室于 2 月中上旬播种,或在大棚于 3 月中上旬播种育苗。中熟品种比晚熟品种早播种 7~10 天,杂交品种比常规品种晚播 4~5 天。

2. 苗床准备 苗床地要远离工业"三废"污染、主干公路、医院和污染严重的工厂,选择旱能浇、涝能排的高燥、地势平坦、3 年内未种过葱蒜类蔬菜、质地疏松、肥力中等、土层深厚的中性或微碱性土壤。沙土、粘重土、碱性土、低洼地都不宜做苗床。播种前要清洁田园,耕翻土壤,施入充分腐熟并过筛的农家肥做基肥,但基肥的用量不宜太多,以避免秧苗生长过旺。应以土壤养分分析结果为基础,再结合实际情况确定施肥量。一般每 667 平方米可施入农家肥 2 000~3 000 千克,如果缺乏磷肥,还可施入过磷酸钙 25~30 千克。施肥后要耕耙 2~3 次,使基肥与土壤充分混匀,耕地深度约 15 厘米。北方地区可做成平畦,畦宽 150~160 厘米,长 7~10 米,畦面要平整;南方如江淮地区因雨水较多,可做成深沟高畦,畦宽 100~150 厘米,畦沟宽 40 厘米,沟深 20 厘米左右。如果在保护地育苗,则在保护地设施内施肥整地后做苗床。

3. 品种选择和种子处理 所用品种应根据当地的气候环境条件与栽培习惯进行选择,并注意根据不同的生态类型选用合适的品种,例如华北、东北、西北高纬度地区应用长日照品种,华中地区宜用中日照品种,华南、西南低纬度地区应选用短日照品种。同时要选择那些抗病、丰产且鳞茎质地佳的品种。洋葱种子寿命约为 1 年,为了避免因种子质量带来的极大损失,一般在播种前要对所选用的种子进行发芽试验,并对洋葱种子进行消毒处理。种子应粒大饱满、新鲜、无虫、无病、发芽率大于 85% 的籽粒,千粒重不低于 3 克。

发芽试验的方法如下:将种子铺在湿润的滤纸或其他吸水纸

上,在种子上面盖一张湿润的滤纸,在20℃~25℃条件下保持湿润。每天用清水将种子冲洗1次,4~7天统计发芽率。

消毒方法如下:将洋葱种子用福尔马林300倍液浸泡3小时,而后用清水冲洗净,晾干后播种;或将洋葱种子用50℃温水浸泡25分钟后,将其置于冷水中降温,晾干后播种。如果用鳞茎繁殖,可将鳞茎放入40℃~45℃温水浸泡90分钟,然后置于冷水中降温,晾干后栽种。

4.播种 为了加快出苗,可对种子进行浸种催芽,其具体方法如下:将种子在冷水中浸12个小时左右,捞出后用湿布包好,在20℃~22℃下催芽。每天用清水冲洗1~2次,当大部分种子露白时即可播种。洋葱播种分条播和撒播两种方式。条播就是在苗床畦面上开9~10厘米间距的小沟,沟深1.5~2厘米,将种子播入沟中,用扫帚等工具扫平畦面覆土,再用脚将播种沟的土踩实,使种子与土壤充分接触,随即浇水。

撒播适用于较粘的土壤,先将苗床浇足底水,待其渗下后撒一薄层细土,再撒播种子,然后再覆土厚约1厘米,等覆土潮湿后再覆土厚约0.5厘米。在干旱地区,播种后可用麦秸、芦苇、玉米秸等覆盖畦面,以保持畦面湿润,出苗后及时分次揭除覆盖物。

播种量与壮苗培育及先期抽薹有关,密度太大,秧苗细弱,密度太小,秧苗生长过大,容易发生先期抽薹。一般情况下,苗床面积与栽植大田的比例约为1:10,苗床内单株营养面积为4~5平方厘米,每667平方米苗床的播种量为2.5~3千克。

5.苗期管理 洋葱苗期管理主要有间苗、中耕、浇水、追肥、除草等工作,目的是培育适龄壮苗,既要防止幼苗长得过大而引起先期抽薹,又要避免幼苗生长细弱而难于越冬。要达到这个目的,可通过控制水肥来调节幼苗生长,使其达到适龄壮苗标准。

播种后,洋葱种子的胚芽先拱出土面,而子叶的先端仍在种子内,当幼茎长出4~6厘米时,形成弓状,称为"拉弓"。从子叶出土到胚芽伸直,称为"伸腰"。从播种后直到幼苗长出第一片真叶,一定要保持畦面湿润,防止土壤板结,以免影响种子发芽和出土。当长出第一片真叶后,要根据土壤的墒情适当控制浇水。整个出苗期一般为 10～15 天。如果有覆盖物,需在 80% 左右的苗出土后且苗高约 1 厘米时,分 2～3 次分层揭去覆盖物,并最好选择阴天或晴天的傍晚进行。在温室或多层覆盖塑料大棚里进行冬季育苗的,在苗出土前要做好保温工作,一般白天室温保持 20℃～30℃,夜间 15℃以上。苗出齐后,要降温防止幼苗徒长,白天室温不超过 20℃,夜间不低于 5℃。

一般苗床的土壤相对湿度应保持在 60%～80%,低于 60% 则需给水。如遇阴雨天,要及时检查田间沟系,排除积水。如果地力较差、幼苗生长不良的苗床,可在幼苗第二片真叶长出以后随水施用腐熟的 10% 稀粪肥 1000 千克或尿素 2.5～5 千克。如果苗生长过旺,要控制肥水。

整个苗期每隔 15 天清除杂草 1 次。无公害洋葱栽培一般要求人工除草。为了保障幼苗健壮生长,在第二片真叶长出后和施肥之前,应间苗 1 次,除去过于拥挤、细弱的幼苗,撒播的保持苗距 3～4 厘米,条播的约 3 厘米。

6. 秋播春栽幼苗的越冬管理 北方高寒地区,一般是秋天播种,翌年春季定植,因此,必须做好秧苗的越冬管理工作。各地可根据气候条件确定幼苗越冬方法。一般有以下几种方法:

(1)就地越冬 适用于冬季最低地温在 -5℃～-10℃的地区。秋季露地播种育苗,冬前幼苗适宜的生长期在 60 天左右。一般在苗床的北侧设立风障,浇冻水后到土壤封冻之前,在苗床畦面上覆盖细土或厩肥、土粪以提高地温,使地温保持在 -5℃～0℃之间,同时还可起到减少水分蒸发的作用。

(2)假植越冬 又叫囤苗越冬。冬季地温在 -10℃以下的地区,原地保护仍不能保证洋葱幼苗不受冻害,可在土壤封冻之前,将幼苗挖出囤放在风障北侧的浅沟内,用干细土将四周封严。要防止假植不慎而使幼苗发热腐烂,或因覆土不严而使幼苗受冻。

挖苗要及时,过早挖苗温度高,囤苗后容易出现幼苗发热腐烂现象;过晚挖苗,土壤封冻后挖苗困难,容易损伤幼苗根系。囤苗地要选择高燥、遮荫的地方,防止日晒或低洼潮湿。假植时,先开沟,把挖起的幼苗密排在沟内,随挖随囤,埋深不宜超过叶的分杈处,深度一般为7~10厘米。四周要堵严、踩实,不使寒风侵入根部。假植初期,洋葱幼苗的心叶仍能缓慢生长,故不可培土过厚,以免引起幼苗腐烂;严寒降临前,再覆1次薄土,还可在苗上覆盖作物秸秆防止雨雪侵袭。春季要适当早定植,以免假植沟内温度回升引起幼苗软化和腐烂。

(3)窖藏越冬 如果洋葱栽培面积不大,可利用贮藏蔬菜的地窖来贮藏洋葱苗。在土壤封冻前将幼苗挖起,捆成直径15厘米左右的小把,直立地密排在地窖中,排好一层再排一层,一直堆高到1米左右。窖壁要填上湿土,防止干燥。窖藏的初期要翻堆检查,防止幼苗发热腐烂,若有腐烂要及时清除出窖。

(4)冬季温室保护育苗 冬季保护越冬仍不安全的高寒地区,可在温室内进行冬季播种育苗。育苗期应在当地的定植期前60~70天,温室日平均温度应保持在13℃~20℃,育成苗后,立即定植在露地。用此法育苗成本较高。

(5)小鳞茎贮藏越冬 在生长期极短的高纬度地区可采用此法。第一年4~5月播种,80~90天后,小鳞茎成熟。选直径2~2.5厘米的小鳞茎做翌年的播种材料。冬季将小鳞茎贮藏在-3℃~0℃的恒温库中,注意防止小鳞茎在贮藏过程中发芽和腐烂。翌年春,用小鳞茎代替幼苗栽植。

(二)定 植

1. 定植时期 洋葱的定植时期因栽培地区不同可分为秋栽

和春栽。一般长城以北地区,冬季严寒,洋葱在露地难以越冬,以春栽为主;山东、河南、河北中南部、山西临汾以南、陕南等地以秋栽为主;其余中间地带秋栽春栽均可。确定合适的定植期,还要考虑洋葱的品种特性。早熟品种的定植时间应适当提前,以防定植老化苗影响产量;晚熟品种应适当晚定植。

秋栽的定植期直接影响幼苗越冬成活率。在烟台地区种植泉州黄金洋葱,不同的定植期对幼苗越冬成活率有明显影响。10 月25~30 日定植的,越冬成活率为 99.6%;11 月 6~12 日定植的,越冬成活率为 74.6%;11 月 12~18 日定植的,越冬成活率为 18.7%(梅福杰等,1996)。从以上可以看出,在一定时期内,早定植有利于幼苗生长,增强抗寒力,提高越冬成活率。但定植期不能过早,定植过早,冬前幼苗生长太大,会造成春季先期抽薹,因此,要选择适宜的定植期。一般在 10 月下旬至 11 月上旬,日平均气温为15℃时定植较合适。

春季定植的,原则上应早定植。一般在土壤解冻后尽量提早进行,这样可延长洋葱生长期。高寒地区春季定植时间一般在 4月前后。

2. 整地施肥 栽植洋葱的大田选择的标准与苗床地相同。秋栽洋葱的前茬一般是茄果类、豆类、瓜类和早秋菜等蔬菜,或玉米、大豆等作物。春栽洋葱多利用秋菜或秋作物收获后的冬闲地。前茬作物收获后要清洁田园,以减少病菌来源。

洋葱根系入土浅,主要分布在 20 厘米深的土壤内,吸水吸肥能力差,所以,要求种植地块要平整,有机肥充分腐熟,撒施均匀。基肥以有机肥为主,其用量也要在土壤养分分析结果的基础上,再结合洋葱需肥特点和选用肥料种类进行配方施肥。一般每 667 平方米可施入充分腐熟的有机肥 3 000~4 000 千克,结合耕翻,耕深20 厘米,将肥和土均匀混合。土壤应细碎,土块最大直径不得超过 2 厘米。如果缺磷、钾地块,可根据实际情况,每 667 平方米施入过磷酸钙 20~30 千克和适量钾肥,而后做畦。北方一般采用平畦,畦宽 1.2~1.5 米,畦长约 10 米。做畦时,畦面要平,使浇水时深浅一致。南方地区要做成高畦深沟,畦宽一般为 1.3~1.5 米,长约 10 米,畦间沟深约 30 厘米,畦的中间稍高于两侧,以利于排水。在我国北方地区,洋葱常与棉花套作。为了不影响棉花产量,洋葱畦宽 1.2 米左右,在畦中间空出 2 行作为棉花播种行,棉花行距 60 厘米,行幅宽 20 厘米。

3. 起苗分级　如果苗床较干,可在定植前 1 天将苗床轻浇 1 次水。当床土干湿适度时,用铲小心铲起苗,避免伤根。将挖出的幼苗剔出病苗、无根苗、无生长点苗、矮化苗、纤细苗、徒长苗、分蘖苗及个别过大的苗等,然后根据苗大小分成 2 级。假茎粗 0.6~0.8 厘米,3~4 片叶为一级苗;假茎粗 0.4~0.6 厘米,3 片叶为二级苗。过大的和过小的苗均舍弃不用。定植时按级分别栽植,使田间生长整齐一致,便于管理。要保证幼苗根系湿润,防止晒干。栽植前可用 40% 乐果乳油 600 倍液浸泡假茎 2~3 分钟,以杀死潜入叶鞘内的蛆虫。

4. 定植方法　洋葱定植多用干栽,也就是先按要求行距开 3~4 厘米深的浅沟,然后栽苗、覆土,最后浇水。定植时浇水不宜过多,否则不利于缓苗。定植的深度以刚埋没小鳞茎部分,且浇水后不漂秧、不倒秧为宜,一般为 2~3 厘米。如果定植过深,叶部生长过旺,鳞茎的颈部增粗,使鳞茎膨大受到影响,多呈小而高的球形而产量低;定植过浅,洋葱植株易倒伏,以后形成的鳞茎会露在土表而容易开裂、变绿。具体栽植的深度还与土壤质地、栽植时期有关。粘土宜浅,沙土宜深;春栽宜浅,秋栽宜深。也可用水栽法,即先浇水,水下渗后用木棍将葱秧基部压入土中,然后抽出木棍即可。

洋葱植株直立,合理密植增产效果明显,这是洋葱高产的关键措施之一。但密度增加到一定程度后,产量不再提高,且鳞茎小而

商品价值下降。在生产上洋葱的营养面积以 170～200 平方厘米
为宜,每 667 平方米可栽植 3 万～3.5 万株,株行距可按 15 厘米见
方,或按 18 厘米×12.5 厘米、22 厘米×10 厘米栽植。定植密度还
要根据秧苗大小、品种、土壤肥力等因素来综合考虑。一般情况
下,大苗适当稀植,小苗适当密植;早熟品种适当密植,晚熟品种适
当稀植;红皮洋葱品种适当稀植,黄皮洋葱品种适当密植;土壤肥
力差的宜密植。

　　秋栽洋葱可采用地膜覆盖栽培。据试验表明,地膜栽培能增
强洋葱越冬抗寒能力,有效地减轻秧苗受冻程度,对春季返青早发
有很好的促进作用。同时地膜覆盖,可提高土壤保水保肥能力,使
洋葱产量大幅度增加。一般情况下,每 667 平方米可增产 30%左
右(张新旭等,2001)。地膜覆盖洋葱的定植方法是:高畦覆盖地膜
时,将地膜的四周埋在沟中,在洋葱定植后,在高畦的基部每隔 50
厘米在膜上打眼。膜上打眼是为了在浇水时使畦沟内的水顺利渗
入高畦内。如果是平畦,则在浇水后且水未渗完时立即覆盖地膜,
将其四周用土压严。然后将幼苗根系剪短到 1～2 厘米,按已定的
株行距在地膜上打孔将苗插入。

(三)田间管理

　　1. 水分管理　洋葱定植后约20天为缓苗期,定植后要及时浇
1 次缓苗水,以促进幼苗生长。浇水量不能过多,因为春秋季洋葱
定植时的气温都比较低,浇水过多会降低地温而使缓苗延迟。但
如果供水不足,又会影响幼苗根系对水分的需求而出现萎蔫不能
成活的问题。因此,缓苗期的水分管理要点是:小水勤灌,不使幼
苗萎蔫,不使地面干燥,促进幼苗迅速发根成活。

　　春栽幼苗过了缓苗期便进入叶生长盛期,而秋栽洋葱幼苗则
进入越冬期,到翌年春天返青后才进入叶生长盛期。对于秋栽幼
苗来说,要采取各种措施确保幼苗安全越冬。幼苗保护越冬的措

施在本章已做了介绍,这里不再重复。如果幼苗就地越冬的,在水分管理上要注意及时浇冻水。浇冻水一般在夜间温度降到0℃以下,地表开始结冰,但白天表土层又因气温上升而解冻时进行最为适宜。

无论春栽还是秋栽幼苗,进入叶生长盛期的水分管理是一样的。这个时期,洋葱生长量大,对水分需求量也大,应加强灌水,经常保持土壤湿润(土壤含水量以85%为宜)。但当洋葱鳞茎开始膨大时,为了防止植株徒长,应控制浇水蹲苗。进行蹲苗的目的是为了促进洋葱由地上部分的旺盛生长向鳞茎膨大转移;蹲苗期一般为10天左右。具体的蹲苗时间,还要根据天气、土壤质地、植株生长状况等灵活掌握。气候干燥,蹲苗期要适当短一些;地势低洼、土壤粘重要适当长一些。通常认为,当洋葱的成熟管状叶转为深绿色,叶肉肥厚,叶面的蜡质增多,心叶颜色加深时,就可以结束蹲苗。

蹲苗结束后,鳞茎膨大加快,一般每隔5~7天浇1次水,并保持土壤湿润。收获前1周浇最后一次水,如果继续浇水,会影响洋葱鳞茎外皮的老熟,甚至导致外皮开裂,将严重影响洋葱品质。

2. 施肥 洋葱定植后至缓苗前或春季返青前一般不追肥,缓苗或返青后根据其不同的生育阶段分期施肥。在春栽洋葱缓苗后,或秋栽幼苗翌年春天返青后,可结合浇水进行第一次追肥,为根系和叶恢复生长提供营养,促使其返青发棵。每667平方米可施入充分腐熟的稀粪肥800~1 000千克,缺磷和钾肥的地块还要加入约20千克的过磷酸钙和10千克的硫酸钾。地膜覆盖的,可结合浇水每667平方米施入磷酸二铵15千克和硫酸钾10千克。隔30天左右,植株进入叶生长盛期,可再追施腐熟的稀粪肥1次,用量与第一次同,或施入尿素,每667平方米用量约10千克。

当洋葱植株长到8~9片叶时鳞茎开始膨大。当小鳞茎粗增大到3厘米左右时,已进入鳞茎膨大期,这时要保证充足的水肥供应。为促鳞茎膨大,要及时施用催头肥,每667平方米可施入腐熟稀粪肥800~1000千克或尿素10~15千克,中晚熟品种鳞茎形成期长,要结合实际情况决定是否再追肥一次。要注意在鳞茎生长后期,不可过多施用氮肥,以免植株贪青晚熟。

3. 中耕、覆盖、除薹 不用地膜覆盖栽培的,应及时中耕,因为疏松的土壤有利于洋葱根系的发育和鳞茎的膨大。露地栽培的洋葱,在田间封行以前,灌水或雨后应适当中耕。尤其秋栽洋葱在越冬前,可通过中耕,促使根系生长,提高越冬能力。中耕次数根据土质确定,疏松的土壤应减少中耕次数,粘重土壤则要适当增加中耕次数。中耕深度以3厘米左右为宜,在中耕时可结合适量的培土和除草工作。

冬季寒冷地区秋栽洋葱,在浇冻水后、土壤封冻之前,在畦面上覆盖土粪、玉米秸等物,以保护幼苗越冬。春季返青后要及时分次撤除覆盖物。

对于先期抽薹的洋葱植株,可通过除薹做1次补救,以获得一定的产量。其具体方法是,在先期抽薹的植株花球形成前,从花苞的下部剪除,或从花薹尖端分开,由上而下撕成两片,防止开花消耗养分,促使侧芽生长,形成较充实的鳞茎。

六、洋葱先期抽薹及对策

洋葱以鳞茎为产品,如果植株发生先期抽薹,一般情况下就不能形成肥大的鳞茎,从而使产量锐减,品质变劣,这对洋葱无公害高效栽培是极为不利的。但在生产中,由于秋播太早、营养面积过大、肥水管理不当等许多原因,常会使洋葱幼苗在越冬前生长过大,而发生先期抽薹现象。因此,找出洋葱发生先期抽薹的具体原因,采取相应的对策,是洋葱生产企业或个人都必须予以解决的问题。

(一)先期抽薹的原因

洋葱属于绿体春化型作物,必须具备一定大小的营养体,并有次序地满足充分的低温春化条件及长日照和较高的温度条件才能抽薹。冬春季节可满足洋葱抽薹所需的外界条件,因此,如果在低温以前有充分大小的营养体,洋葱就有可能发生先期抽薹。如果在低温到来之前,洋葱的营养体没有达到一定的大小,那么即使给予充分的低温和长日照条件,也不会发生先期抽薹。

当秧苗茎粗大于 0.6 厘米时,在 2℃~5℃ 条件下经历 60~70 天,洋葱就可完成花芽分化。当茎粗超过 0.9 厘米时,洋葱感受低温的能力增强,通过春化所需的低温时间也相应缩短。当外界温度升高,日照时间延长时,洋葱就可抽薹开花。不同品种对低温的感受能力不同,通过春化所需的低温天数也不尽相同。一般南方品种在 2℃~5℃ 下经历 40~60 天就可完成春化,北方型品种在相同的低温条件下,通过春化需 100~130 天。洋葱对低温的感受程度与肥料、土壤水分、日照等因素也有关系。缺肥、干旱和弱光等条件容易诱导洋葱花芽分化而发生先期抽薹。

(二)先期抽薹的对策

1. 选择冬性强的品种 这是控制先期抽薹的重要措施。在生产上,可尽量选择北方型品种,如西安红皮高桩洋葱、济南黄皮洋葱等。在引种时,要注意纬度变化对植株抽薹的影响。一般从高纬度向低纬度引种不易发生抽薹,但从低纬度向高纬度引种则容易发生抽薹。

2. 幼苗营养体控制 首先要确定适宜的播种期,播种期的早晚是影响幼苗大小的重要原因之一。早播,冬前幼苗的生长期长,容易形成大苗,开春后抽薹率高。但不能播得太晚,以免幼苗生长太弱而降低越冬能力。其次,要通过肥水管理来控制幼苗生长,使秧苗在冬前形成安全苗态。安全苗态一般是苗龄 60 天左右,茎粗为 0.6~0.9 厘米,具 5~6 片叶。播种量的大小也影响幼苗生长。播种量过小,苗床内单株的营养面积太大,冬前易长成大苗。一般保持苗床内单株营养面积为 4~5 平方厘米,可防止秧苗因密度过大而生长细弱,也可防止因营养面积过大而形成大苗。

3. 其他措施 要选用粒大饱满、新鲜、无病虫的种子,用陈种子会增加抽薹率;苗期要保持土壤湿润及氮肥供应,否则秧苗易生长细弱,植株的碳水化合物与氮的比值会增加,从而发生先期抽薹;可用除薹这一补救措施,及时将已抽出的花头摘除,以获取一定的产量。

七、施肥标准及禁用肥料

(一)洋葱无公害生产中允许使用和禁止使用的肥料种类及施肥原则

参照大葱无公害生产部分。

(二)洋葱的需肥特点及施肥技术

1. 洋葱的需肥特点 洋葱是喜肥作物,对营养元素的吸收以钾为最多,氮、磷、钙次之。但洋葱的吸肥量与施用量相比,吸收量很低,其中氮的吸收量约为施用量的 25%,磷为 10%~20%,钾的吸收量约与施钾量相近。在鳞茎所贮藏的养分中,营养元素的含量按大小顺序为钾、氮、磷、钙。据试验发现,每生产 1 000 千克洋葱,平均需吸收氮 1.98 千克,磷 0.75 千克,钾 2.66 千克。其中氮对洋葱生育影响最大,其次为磷。

氮对洋葱叶片生长、鳞茎膨大和产量提高均有很大的影响。如果氮素不足,洋葱生长受到抑制,外叶黄化、枯死,先期抽薹率高,鳞茎不能充分膨大;氮素太多,洋葱叶色深绿,外叶尖端枯死,易感病,鳞茎贮藏性能下降。磷可提高洋葱叶片保水性,加强光合作用,增加维生素 C 含量,增强植株过氧化酶的活性而提高鳞茎产量和质量。苗期磷肥充足,有利于洋葱根系生长发育,增加根部比重,提高发根能力。生育初期缺磷而造成的影响,即使在后期多施磷也无法弥补,但施磷过多也易引起鳞茎病害。钾是洋葱吸收量最多的元素,有利于洋葱养分转运及鳞茎膨大,一般从老叶向新叶移动。在营养生长期,钾的影响相对较小,但在鳞茎膨大期缺钾会产生明显的不良后果:叶易变黄枯死,产量下降;易感病且鳞茎不耐贮藏。其他元素如钙、硫、镁及微量元素如硼、铜等,也是洋葱正常生长所必需的。

洋葱的不同生育期需肥量不同。从种子播种到收获鳞茎为营养生长期,而后通过休眠期。此时,如果满足其低温和长日照的要求,洋葱便可形成花芽,开花结实,这个过程为生殖生长期。在洋葱整个生育阶段中,需肥量随其生长量的变化而变。生长量增加,需肥量也增加。

从种子萌动至出现第一片真叶为发芽期,此期一般不需从外界摄入养分,因为芽和胚根的生长主要依靠种子内胚乳贮藏的营养。

从第一片真叶至发生 4～5 片真叶为幼苗期,此期的幼苗生长缓慢,需肥量小。幼苗生长后期,生长量渐渐增加,需肥量也相应有所增加。春栽幼苗经过缓苗或秋栽秧苗返青后,陆续长根发叶,进入叶生长盛期,需肥量和吸肥强度迅速增大。

在鳞茎膨大期,高温和长日照使叶片生长受到抑制,相对生长率和吸肥强度下降,但生长量和需肥量仍缓慢上升。但随着叶的进一步衰老,根系也加速死亡,植株的需肥量减少,鳞茎膨大所需的养分主要由叶片和叶鞘中贮藏的营养转移而来。

2. 洋葱施肥标准 无公害洋葱生产要进行配方施肥,洋葱施肥量的确定参照大葱施肥量确定方法。

3. 洋葱施肥技术　洋葱施肥可分两大部分,即基肥与追肥。在洋葱生产过程中,施肥原则是分期、多次、营养元素平衡施肥。

(1)基肥　有苗床和大田基肥两种。如果将氮肥与磷肥或氮肥与钾肥配合使用做苗床基肥,对幼苗生长及以后的鳞茎发育有明显的促进作用。如果氮、磷、钾配合施用,效果更显著。一般每667平方米施入有机肥2 000~3 000千克,并根据地块实际情况施入适量磷、钾肥。

大田基肥一般每667平方米施入腐熟有机肥3 000~5 000千克。可将定植后洋葱所需氮肥的1/3作为大田基肥的施用量,其余2/3作为追肥,在后面的各个生育期分次施用。钾肥可全部用做基肥;磷肥可将2/3作为基肥,1/3作为追肥。

(2)追肥　洋葱秧苗不能过大,以免先期抽薹,因此,如果基肥充足,育苗期一般不追肥。如果幼苗生长很细弱,可结合浇水,每667平方米追施尿素3千克左右,促幼苗生长,以增强越冬能力。

洋葱定植后,要分期适量追肥。秋栽洋葱返青后或春栽秧苗缓苗后,结合浇水,追1次肥,促叶片生长,一般施腐熟稀粪尿800~1 000千克。磷、钾基肥施用不足的地块,还可施入过磷酸钙和草木灰。到叶生长盛期,应追"发棵肥",可施入腐熟的稀粪肥,用量与第一次同,或施入尿素,每667平方米用量约10千克。到鳞茎膨大期,是施肥的关键时期,要追施1~2次"催头肥",第一次每667平方米可施入腐熟稀粪肥1 000千克左右或尿素约15千克;第二次追肥是否施用,要根据土壤肥力和洋葱生长状况而定。

总的来说,洋葱追肥次数和时间因土壤、栽植地区、季节不同而异,但"发棵肥"和"催头肥"一般不可少。追肥的方式一般有沟施和随水施两种,植株幼小时,化肥沟施或随水施均可,有机肥一般可顺行撒施,稀粪肥随水施。生育后期如果施化肥,可随水施,以免田间作业伤害叶片。

第五章　葱、洋葱病虫害无公害防治

　　农药使用不当可给人类带来严重危害,包括导致害虫的抗药性,引起新的病虫害大发生以及污染农产品和环境等3个相互关联的问题,即国际上称为"3R"问题——抗药性(Resistance)、再猖獗(Resurgence)和残毒(Residue)。但化学农药是一种必不可少的农业生产资料,在蔬菜的病、虫、草及生长发育的控制方面具有重要作用。绝对不进行病虫害防治、不施农药的蔬菜几乎是微乎其微。因此,葱、洋葱等无公害生产并不是完全拒绝化学农药,而是允许限量使用一些高效、低毒、低残留的农药品种,同时在使用农药过程中,必须严格遵守国家有关禁止使用和允许使用的农药种类、用药量和安全用药间隔期等方面的规定。

　　20世纪80年代以来,我国在蔬菜病虫害的防治中实行"以预防为主,综合防治"的方针,取得明显成效;同时农业部也制定了有关蔬菜栽培中使用农药的范围、方法、间隔期等。颁布了农药安全使用标准(GB 4285—89)和一系列农药合理使用准则。明令禁止了使用剧毒、高毒、高残留农药,一些低残毒、公害少的农药相继投入到蔬菜生产中。严格遵守这些规章制度,生产的蔬菜农药残留就能达到无公害的要求。

　　但是,由于我国在蔬菜无公害生产方面的宣传力度不够,同时许多农民的科学文化素质较低,缺乏综合防治病虫害方面的知识,因此,在葱、洋葱等蔬菜病虫害防治中还存在着许多问题:有的菜农用杀菌药剂来防治虫害,虫害未能控制,却增大了施药量,加剧了对蔬菜、环境的污染;有的一味加大施药浓度,不仅提高了生产成本,也加速了病虫害的抗药性,而抗药性的增加又使菜农增加农药的用量,这种恶性循环更加重了农药残留。有的把化学农药当做是防治病虫害的惟一有效措施,因而强化防治,打"保险"药,"几合一"随意混配,违章用药现象十分普遍。

上述情况表明,当前葱、洋葱等蔬菜污染的主要原因之一还是化学农药污染,较高水平的农药残留已成为制约我国发展蔬菜出口的重要因素。葱和洋葱是我国的主栽蔬菜之一,同时又是主要的出口蔬菜种类之一,因此,搞好葱和洋葱病虫害无公害防治具有十分重要的现实意义。

一、葱、洋葱病虫害无公害防治原则和禁用、限用农药

(一)病虫害无公害防治原则和方法

葱、洋葱病虫害无公害防治要在"以预防为主,综合防治"方针指导下,优先采用农业和生物防治措施,科学使用化学农药,协调各项防治技术,发挥综合效益,把病虫害控制在经济允许水平以下,保证葱、洋葱中农药残留量低于国家允许标准。

1. 加强植物检疫工作 植物检疫又叫法规防治。它是国家或地方政府,为防止危险性有害生物随植物及其产品进行人为引入和传播,而采用法律手段和行政措施强制实施的保护性措施。这是葱和洋葱防治病虫害的第一环节,可避免从疫区调种和调入带菌种苗到未发病区,从而有效地防止病虫害随种子和种苗进行传播和蔓延。

2. 农业防治 农业防治是利用植物本身的抗性和栽培措施来控制病虫害的发生、发展的一种技术和方法,这是葱和洋葱病虫害无公害防治的重要一环。

(1)选用抗病、抗虫品种 很多品种对不同病害有一定的抗性和耐性。选择抗病虫能力和抗逆性强、适应性广、商品性好的丰产

品种,可起到减轻病虫危害、减少药剂防治的作用。但在选用抗病、抗虫品种时,应考虑当地消费习惯、生产目的、栽培季节、病害种类、品种熟性等方面的因素。

(2)避免使用带菌的种子和种苗　这是防治病毒病、菌核病、霜霉病、紫斑病等许多病害的重要措施。用这种方法来防治病虫害手段简单,效果明显。生产中常用的措施是除了加强检疫工作外,还要做到在无病区、无病害田块上采种。

(3)种子消毒　在播种前采取温汤浸种、药剂拌种和药液浸种等方法,可有效地预防种子带菌传播病害。葱、洋葱无公害生产应尽量用温汤浸种(55℃)或热水(70℃)烫种等物理消毒处理方法。

(4)清洁田园　菜田周围的残枝落叶是多种害虫、病原菌滋生和越冬的场所。所以在前茬作物或葱、洋葱收获后,必须将枯枝落叶清除出田间,集中烧毁或深埋,以减少病虫害来源。同时,进行深翻土地,耕深约 30 厘米,并晒垡。深翻土地,可加速病株残体的分解腐烂,使病菌、害虫失去寄生的场所,还可将菌核、蛹等深埋入土中,减少田间病虫来源。

(5)实行轮作　轮作可使病原菌和虫卵不能大量积累,可以起到控制病虫害发生的作用。采用不同蔬菜种类之间的间作、套种,也可以减少某些病虫害的发生,达到少用或不用农药的效果。

(6)培育适龄壮苗　选用适当的育苗方式和合理的肥水管理方法,培育适龄无病虫害壮苗,并在定植前对秧苗进行严格筛选,可大大减轻或推迟病害发生。

(7)合理密植　许多真菌、细菌病害的发生流行,都需要高湿度的环境条件。因此,提倡合理密植,有利于植株间通风透光,降低田间湿度,可减少病虫害发生。

(8)加强田间管理,增强植株抗病力　田间管理措施主要有以下几条:中耕除草,减少病原菌、害虫的寄生场所;合理灌溉,雨后及时排水,降低田间湿度;配方施肥,防止过度施用氮肥而使葱和洋葱植株抗性下降。

(9)适时采收,禁用污水清洗收获的产品 作为贮藏的葱和洋葱应在晴天采收,以防雨淋而发生贮藏病害。作为鲜葱上市的,一定要用洁净的水清洗,以免污水中的各种不洁物引致病害发生而影响货架寿命,同时也避免二次污染。

3. 生物防治 生物防治是利用生物或其代谢产物来控制葱和洋葱病虫害的方法,主要包括利用天敌、有益微生物及其产物防治病虫害。生物防治虽然成本高,技术复杂,但其副作用少,污染少、环保效果好,故具有很好的发展前景。

(1)利用害虫天敌防治虫害 主要利用瓢虫、草蛉、蜘蛛、寄生蜂、青蛙等天敌来消灭害虫,减少农药的使用。如利用赤眼蜂防治菜青虫、小菜蛾、斜纹夜蛾、玉米螟、棉铃虫等鳞翅目害虫,利用七星瓢虫、草蛉等防治蚜虫、螨类等。天敌一般由天敌公司生产供应,使用前,要做好虫情的预测预报工作,选择最佳的释放时期。同时要保护好释放田,释放期间严禁打药,防止伤害天敌。

(2)利用微生物天敌防治 昆虫的病原微生物有千余种,这些微生物包括真菌、细菌和病毒,它们对人、畜和植物无害,可用来防治害虫。如引起昆虫病症的虫生真菌白僵菌,可防治大豆食心虫、玉米螟;绿僵菌可防治地下害虫蛴螬;寄生昆虫体内的细菌苏云金杆菌(Bt),对防治鳞翅目昆虫很有效;感染昆虫的病毒如核型多角体病毒和颗粒病毒,可防治菜青虫、斜纹夜蛾、烟青虫、棉铃虫等。

(3)利用昆虫生长调节剂、性信息激素防治 昆虫生长调节剂被称为第四代农药,如灭幼脲,可阻断害虫的正常蜕皮而杀死害虫,对菜青虫、粘虫等有很好的防治效果。

利用性信息激素可诱杀害虫,同时可预测害虫发生的时期,指导防治害虫,提高防治效果。

(4)利用农用抗生素防治 农用抗生素是由微生物发酵产生的具有农药功能的次代谢物质。这种微生物农药属活体制剂,对葱和洋葱基本无污染、无残留。如用浏阳霉素、阿维菌素 2 400 ~ 3 000倍液可防治红蜘蛛、斑潜蝇、螨虫等;用农用链霉素、新植霉素 4 000 倍液防治葱和洋葱细菌性病害如软腐病效果不错。

(5)利用土农药　土农药主要有草木灰液、红糖液、猪胆液、兔粪浸出液、死虫浸出液等。例如葱、洋葱地受种蝇、葱蝇的蛆虫为害时,每 667 平方米沟施或撒施草木灰 20 ~ 30 千克,既治蛆又增产;又如 10%猪胆液加适量小苏打等,可驱赶菜豆等蔬菜上的蚜虫、菜青虫等害虫。

4. 物理防治　物理防治措施主要是通过高温杀死种子和土壤中的病原菌和虫卵,以及利用光、色诱杀或驱避害虫。常用的方法有:

(1)温水浸种　可对带菌种子进行消毒处理。

(2)黄板诱杀　利用蚜虫、白粉虱对黄色有强烈趋色性的特性诱杀昆虫。具体的做法是:在纸板的正反面刷上黄漆,干后再在漆上刷一层机油,在菜地行间竖立放置,使黄板高出植株 30 厘米。每 667 平方米放 10 ~ 15 块,可诱杀蚜虫、白粉虱、美洲斑潜蝇等害虫,防止其迁飞扩散。

(3)黑光灯诱蛾　用黑光灯可诱杀小菜蛾、斜纹夜蛾、甜菜夜蛾、甘蓝夜蛾、小地老虎和蝼蛄等害虫。

(4)糖醋毒液诱蛾　夜间在菜地放上糖醋液,可诱杀斜纹夜蛾、甘蓝夜蛾、银纹夜蛾和小地老虎等害虫。

(5)银灰板避蚜　利用蚜虫对银灰色的负趋向性,可用银灰色薄膜来避蚜,以防止病毒病。

(6)人工捕杀　经常在田间检查,发现虫卵、幼虫和成虫集中地,及时进行人工摘除消灭。还可以利用有些害虫的假死性来捕杀之。

5. 化学药剂防治及防治原则　病虫害发生较严重时,可允许限量使用一些高效、低毒、低残留的化学农药进行防治。在葱、洋葱无公害生产中,化学药剂的施用要遵循以下原则:严禁使用国家已公布的禁用农药品种,确保葱和洋葱达到无公害品质要求;施用的农药必须符合国家的三证(农药登记证、生产许可证或生产批准证、执行标准号)要求;施用农药必须严格按照 GB 4285—89 和 GB/T 8321(所有文件)上的规定执行;禁止施用高毒、高残留或具有"三致"(致癌、致畸、致突变)作用的农药;防止葱和洋葱无公害生产区域外的农田施用上述禁用农药而产生交叉污染。

要做到科学使用农药,还必须注意以下几点:

一是正确识别病虫害,对症下药。化学农药种类极多,使用前一定要了解药的性能及防治对象,如甲霜灵对防霜霉病有效,但不能防白粉病。同时正确识别病虫害种类,例如要分清真菌病害和细菌病害,选择合适的杀菌剂。否则不仅治不了病,还会加大生产成本、增加葱体中农药残留量和加剧对环境的污染。

二是选择最佳防治时期。在田间,病虫害都有一定的发展规律,如果准确把握防治时机,就会收到事半功倍的结果。如幼虫初孵化期的抗药性最弱,此期用药效果最好,也较省工,同时用药量也少,葱和洋葱的农药残留量也可相应减少。

三是正确选择农药剂型。同一种农药,一般有多种剂型,选择合适的剂型有利于病虫害的防治。如晴天选择可湿性粉剂喷雾,阴天在大棚可用烟熏剂进行熏烟,以不增加棚内湿度。

四是严格注意用药次数、浓度和用量,提倡交混用药。掌握好正确的用药次数、浓度和用量,对于防止药害产生和农药残留超标具有重要作用。要做到用药量准确,配药时要使用称量器具,如量杯、量筒、天平、小秤等,按照农药说明书上要求的稀释倍数稀释。在实际操作中,一般采用说明书上建议使用量的下限。一定要注意不能随意提高用药量,否则会造成农药浪费和农药残留量增加,还有可能对葱和洋葱造成药害。

葱、洋葱无公害生产中,一般提倡一种药剂在生长期间限用1

次。不同的药剂可进行合理的交替、混合使用,以避免产生抗药性,同时可节省用工,降低成本。但在混合使用时,因为不同农药的酸碱度等不同,会出现几种农药不能混合,或有的农药分解,甚至对作物产生药害等问题。所以最好使用农药厂家生产、且在国家和省级农业部门已登记的复配剂,不要盲目混配。

五是采用正确的农药施用技术和注意施药安全。农药施用有不同的方法,如烟熏、喷雾、灌根等,要根据所选药剂的性质、病虫害特点等因素来确定合适的施用方法。如害虫在植株根部活动猖獗,采用灌根这种方法较为合适。同时要注意使用新的农药施用技术,提高防治效果。例如,先进的喷雾技术如低量喷雾、静电喷雾、循环喷雾等可大大提高工效和农药使用效率,极大地降低农药用量,从而显著减少农药对环境、蔬菜的污染。

在使用农药时,要注意防止农药中毒:其一是防止施药人员中毒。配药人员须戴胶皮手套;拌种时严禁用手拌药,要用工具搅拌;施药人员应穿长袖上衣、长裤和鞋袜;施药时禁止吸烟、喝水、吃东西,不能手擦脸、嘴、眼睛等;施完药要用肥皂洗手、脸并漱口,被农药污染的衣服要及时换洗等;如有不适应及时送医院就诊。其二是避免葱、洋葱上农药残留超标,防止消费者食用后中毒。菜农应严格遵守各种农药的安全间隔期,做到喷洒过农药的葱和洋葱,必须过了安全间隔期才能上市;严格按照农药说明书上的规定,掌握农药使用范围、防治对象、用药量、用药次数等事项,杜绝浪费农药、污染环境和农药残留超标事件发生;严禁在葱和洋葱上施用国家已公布禁用的农药品种。

(二)禁用和限用农药及用药安全间隔期

1. 禁止使用的农药种类 葱、洋葱无公害生产必须遵守国家关于绿色食品蔬菜生产禁用的农药品种(表17)及其他高毒高残留农药。

表17 A级绿色食品生产中禁用的农药

农药种类	农药名称	禁用原因
有机砷杀虫剂	砷酸钙、砷酸铅	高毒
有机砷杀菌剂	甲基胂酸锌、甲基胂酸铁铵、福美甲胂、福美胂	高残留
有机锡杀菌剂	三苯基醋酸锡、三苯基氯化锡、毒菌锡、氯化锡	高残留
有机汞杀菌剂	氯化乙基汞（西力生）、醋酸苯汞（赛力散）	剧毒、高残留
有机杂环类	敌枯双	致畸
氟制剂	氟化钙、氟化钠、氟乙酸钠、氟乙酰胺、氟铝酸钠、氟硅酸钠	剧毒、高残留、易药害
有机氯杀虫剂	DDT、六六六、林丹、艾氏剂、狄氏剂	高残留
有机氯杀螨剂	三氯杀螨醇	工业品中含DDT
卤代烷类杀虫剂	二溴乙烷、二溴氯丙烷	致癌、致畸
有机磷杀虫剂	甲拌磷、乙拌磷、久效磷、对硫磷、甲基对硫磷、甲胺磷、氧化乐果、治螟磷、蝇毒磷、水胺硫磷、磷胺、内吸磷	高毒
氨基甲酸酯杀虫剂	克百威、涕灭威、灭多威	高毒
二甲基甲脒杀虫剂	杀虫脒	致癌
取代苯类杀虫、杀菌剂	五氯硝基苯、五氯苯甲醇	致癌
二苯醚类除草剂	除草醚、草枯醚	慢性毒性

2. 允许使用的农药种类、用量及安全间隔期 在葱、洋葱无

公害生产中，允许使用低毒低残留化学农药防治真菌、细菌、病毒病及害虫。但应遵循以下几条原则：一是优先选择生物农药或生化制剂农药如 Bt、白僵菌等；二是选择昆虫生长调节剂农药，如除虫脲、农梦特等；三是尽量选择高效、低毒、低残留农药，如敌百虫、甲基托布津、甲霜灵、辛硫磷等；四是当病虫害将造成毁灭性损失时，才选用中等毒性和低残留农药，如敌敌畏、乐果、天王星等；五是尽可能选用土农药如草木灰液防种蝇和葱蝇的蛆，用 2%～3% 的过磷酸钙溶液防治棉铃虫和烟青虫等。现将一些在葱和洋葱病虫害防治中常用的农药品种及其用量介绍如下：

(1)防治真菌病害的药剂　50%多菌灵可湿性粉剂 500 倍液，75%百菌清可湿性粉剂 600 倍液，70%代森锰锌可湿性粉剂 500 倍液，50%扑海因可湿性粉剂 1 000 倍液，25%瑞毒霉可湿性粉剂 600 倍液，20%粉锈宁可湿性粉剂 1 500 倍液，70%甲基托布津可湿性粉剂 500 倍液，56%靠山(氧化亚铜)水分散微颗粒剂 800 倍液，77%可杀得(氢氧化铜)可湿性粉剂 1 000 倍液，65%万霉灵可湿性粉剂 1 000～1 500 倍液，64%杀毒矾可湿性粉剂 500 倍液，72%克露可湿性粉剂 600～750 倍液。

(2)防治细菌病害的药剂　77%可杀得可湿性粉剂 1 000 倍液，40%加瑞农可湿性粉剂 600～1 000 倍液，50%琥胶肥酸铜(DT 杀菌剂)500 倍液，农用链霉素 4 000 倍液，新植霉素 4 000～5 000 倍液。

(3)防治病毒病的药剂　20%病毒 A 500 倍液，83 增抗剂 100 倍液，抗毒剂 1 号水剂 300 倍液，5%菌毒清 300 倍液加 1.5%植病灵 500 倍液，磷酸三钠 500 倍液。

(4)杀虫剂　90%敌百虫晶体 1 000～2 000 倍液，50%辛硫磷乳油 1 000 倍液，20%灭幼脲 1 号或 25%灭幼脲 3 号悬浮剂 500～1 000倍液，5%抑太保(定虫隆)乳油 4 000 倍液，或 5%农梦特(伏虫隆)乳油 4 000 倍液，80%敌敌畏乳油 1 200～1 500 倍液，21%灭杀毙(增效氰·马乳油)3 000～4 000倍液,2.5%溴氰菊酯乳油(敌杀死)3 000倍液,40%毒死蜱 750～1 050倍液,25%喹硫磷(爱卡士)乳油 1 000倍液,10%联苯菊酯(天王星)乳油 1 000倍液,40%乐果乳油 2 000倍液,50%马拉硫磷乳油 1 000倍液,10%吡虫啉可湿性粉剂 2 500倍液,25%氟氯氰菊酯乳油(保得)2 000倍液,50%抗蚜威可湿性粉剂 2 000倍液。

(5)安全间隔期 安全间隔期一般指最后一次施药与产品采收时间的间隔天数。一般情况下,在葱、洋葱采收前 15天左右不得施用任何农药。但不同农药的安全间隔期不同,同一种农药在不同的施药方式下,其安全间隔期也有所不同。因此,在使用时要严格遵守 GB 4285—89和 GB/T 8321(所有文件)上的规定,坚决杜绝不符合安全间隔期要求的葱和洋葱提前上市。例如,用 50%辛硫磷乳油 2 000倍液或 25%喹硫磷乳油 2 500倍液对葱和洋葱垄底进行浇灌时,安全间隔期不少于 17天;用 40%乐果乳油 2 000倍液,或 90%敌百虫晶体 1 000～2 000倍液,或 40%毒死蜱乳油 1 000倍液喷雾时,安全间隔期一般为 7天;用 80%代森锌可湿性粉剂500倍液喷雾,间隔期为 10天左右;用 77%可杀得(氢氧化铜)可湿性粉剂 1 000倍液或 56%靠山(氧化亚铜)水分散微颗粒剂 800倍液喷雾,安全间隔期一般为 3天。

二、大葱病虫害无公害防治

(一)病害防治

1.紫斑病

又称黑斑病。是葱类常见的病害。可发生于各种葱蒜类蔬菜上。主要危害叶片和花梗,贮运期间可危害洋葱鳞茎。多雨年份发生严重,可造成极大损失。

【症　状】　初期病斑呈水浸状白色小点,后期变成淡褐色圆形斑或纺锤形斑,稍凹陷。以后病斑继续扩大,呈褐色或暗紫色,周围有黄色晕圈,病部长出褐色或灰黑色、具有同心轮纹状排列的霉状物。环境条件适宜时,病斑扩大到全叶,或绕花梗1周,使叶片或花梗从病部折断,或全叶变黄枯死。种株花梗发病时,致使种子皱缩,不能充分成熟。

【病原及发病规律】　紫斑病为真菌病害。病原菌为半知菌亚门香葱链格孢菌,以菌丝体在寄主体内或附在病残体上于土中越冬,翌年春天产生分生孢子,借助气流或雨水传播蔓延。种子也可带菌,并随带菌种子的调运和使用,进行远距离传播。分生孢子萌发后产生芽管,由气孔或伤口侵入,也可直接穿透寄主表皮侵入。分生孢子萌发的适宜温度为24℃~27℃,低于12℃则不发病。在适宜的温湿度下,病菌入侵1~4天后即可表现症状,5天后从病斑上长出分生孢子。温暖多雨,尤其是连阴雨天后发病严重。此外,重茬地、缺肥、管理差、植株生长衰弱、植株上有伤口时,发病重。

【防治方法】

①农业防治　选择抗病品种,种子应粒大饱满、新鲜、无病;与非百合科蔬菜实行2年以上的轮作;选择地势平坦、排水良好、土地肥沃的地块种植;配方施肥,多施基肥,合理追肥,尽量施用有机肥,限量使用化肥,在施氮肥的同时适当配施磷、钾肥;注意及时培土、雨后排水,提高植株抗病能力;及时防治葱蓟马,以免造成使菌丝体入侵的伤口;清洁田园,经常检查田间病情,及时拔除病株,摘除病叶、病花梗,并集中深埋或烧毁;收获后彻底清除田间病残株。

②种子消毒　选用无病种子或进行种子消毒。种子在福尔马林300倍液中浸泡3小时后,捞出用清水反复冲洗干净;也可用50℃温水浸种15~25分钟。鳞茎可用45℃温水浸90分钟,然后用冷水冷却。

③药剂防治　发病初期,可用75%百菌清可湿性粉剂600倍液,或64%杀毒矾可湿性粉剂500倍液,或50%扑海因1 000倍液,或70%代森锰锌500倍液喷雾。上述药剂任选一种,轮换使用,每隔7~10天喷1次,共喷2~3次。

2.霜霉病

在北方地区,霜霉病是葱的主要病害,可危害大葱、大蒜、韭菜、洋葱、细香葱、分葱、韭葱、薤等。在低温多雨的年份,该病可使葱叶片干枯死亡达50%以上,造成严重减产。

【症　状】　主要危害叶、花梗等。在生长期间感病,叶和花梗产生圆形或长椭圆形病斑,边缘不明显,淡黄绿至黄白色。潮湿时,病斑长白霉、紫霉;干燥时,病斑干枯。叶中下部受害出现病斑时,叶垂倒后干枯。假茎早期发病,上部生长不均衡,致使病株扭曲;发病后期,被害假茎常在发病处破裂。如果由栽植的鳞茎带菌引起,则呈系统感染病症:病株矮化,叶片扭曲畸形,叶色失绿呈苍白绿色。潮湿时,叶片与茎表面遍生白色绒霉。

【病原及发病规律】　葱霜霉病为真菌病害,致病菌为鞭毛菌亚门葱霜霉菌。病菌主要以卵孢子随病株残体遗留在土壤中越冬,或以菌丝体潜伏在鳞茎或其侧生苗中越冬。翌年春季卵孢子萌发产生芽管,从叶片气孔侵入。带菌的鳞茎或种苗可直接感染。种子中也有潜伏的病菌菌丝,表皮也常粘附卵孢子,播种后可直接侵染幼苗引起发病。发病后,病斑产生大量孢子囊,借气流、雨水或昆虫传播,进行再侵染。相对湿度90%以上、温度15℃左右是此病流行的适宜环境。低温多雨,浓雾弥漫,地势低洼,排水不良和重茬地发病严重。

【防治方法】

①农业防治　选择抗病和抗逆性强的品种,如掖选1号、章丘梧桐大葱等,并选用籽粒饱满、新鲜、无病虫的种子;与非葱蒜类作物实行2~3年的轮作;选择地势高燥、通风、排水良好的地块种

植;施足基肥,尽量多施有机肥,增施磷、钾肥,增加中耕,以提高植株抗病力;合理灌溉,雨后及时排水,降低田间湿度;苗床内及时拔除病株,定植时严格选苗;清洁田园,定植后经常查看病情,及时拔除病残株,并在收获后彻底清洁葱地,减少菌源。

②种子消毒　播前进行种子消毒处理或用药剂拌种,消毒方法参照紫斑病防治方法。药剂拌种可采用以下方法:用相当于种子重量 0.5% 的 50% 多菌灵,或相当于种子重量 1% 的 50% 甲基托布津,或用相当于种子重量 0.3% 的雷多米尔拌种。

③药剂防治　发病初期可用 75% 百菌清可湿性粉剂 500 倍液,或 70% 代森锰锌可湿性粉剂 500 倍液,或 25% 瑞毒霉 500 倍液,或 90% 乙磷铝可湿性粉剂 500 倍液,或 72% 克露可湿性粉剂 600 倍液,或 56% 靠山水分散微颗粒剂 800 倍液喷雾。上述药剂任选一种,可交替使用。每隔 10 天左右喷药 1 次,连续喷 3~4 次。

3. 锈　病

锈病可危害葱、洋葱、蒜、韭菜等。该病在我国分布广泛,秋季发生严重。

【症　状】　葱锈病发生在叶和假茎、花梗部。发病初,表皮上生有椭圆形至纺锤形的稍隆起的褐色小疱斑(夏孢子堆)。后期表皮纵裂,周围的表皮翻起,散出橙黄色粉末(夏孢子)。最后在病部形成长椭圆形或纺锤形的黑褐色稍隆起的病斑,不易破裂。如果破裂则散发出暗褐色粉末(冬孢子)。发病严重时,叶片布满病斑,病叶呈黄白色而枯死。春秋两季发病严重。

【病原及发病规律】　葱锈病属真菌病害,其病原菌为担子菌亚门葱柄锈菌。在南方,病菌以菌丝体或夏孢子在寄主上辗转危害,或在病株上越冬。在北方,病菌以冬孢子随病残株体在土壤中越冬。夏孢子是再侵染的主要来源,翌年春季,夏孢子通过气流或雨水传播。夏孢子萌发后,从植株的表皮或气孔侵入。在夏季冷凉地区,夏孢子可在病株上越夏。

夏孢子萌发的适宜温度为9℃~18℃,高于24℃时,萌发率显著降低;侵入的适宜温度为10℃~22℃,空气相对湿度为95%时,少量发病;空气相对湿度为100%时,发病迅速加重。因此,锈病在低温、多雨的情况下易发生,一般当田间温度为20℃左右、空气相对湿度100%持续6个小时以上时就开始发病。冬季温暖多雨地区有利于病菌越冬,翌年发病严重。夏季低温多雨则有利于病菌越夏,秋季发病重。此外,管理粗放,缺肥而使植株生长衰弱,发病也重。

【防治方法】

①农业防治 选择抗病品种,并选用籽粒饱满、新鲜、无病虫种子;定植时严格筛选,淘汰病苗,避免病苗入地传播;加强田间管理,增施有机肥,特别是增施磷、钾肥,促进植株健壮生长,提高抗病力;合理灌溉,雨后及时排水,降低田间湿度;清洁田园,发现有零星病株要及时摘除病叶、花梗或拔除整棵病株,集中深埋或烧毁;收获后及时清理田间病株残体,减少田间病源;发病严重的地块可提前收获,减少损失;尽量避免在发病重的地块附近栽培葱蒜类作物。

②化学药剂防治 发病初期,用15%粉锈宁可湿性粉剂2 000~2 500倍液;或50%萎锈灵1 000倍液,或70%代森锰锌可湿性粉剂500倍液,或80%代森锌可湿性粉剂500倍液,或97%敌锈钠可湿性粉剂2 000倍液喷雾。以上各种药剂任选一种,要交替使用,每隔10天左右喷1次,连续防治2~3次。

4.小菌核病

葱类菌核病于1909年在我国台湾省首次发现,目前我国各地均有发生。它危害大葱、洋葱、蒜、韭菜、薤等蔬菜,在中温高湿气候条件下发病严重。

【症 状】 大葱小菌核病可危害叶片、花梗。发病初期,受害植株叶片和花梗先端变色,然后渐渐向下面发展延伸,叶褪绿变褐,植株部分甚至全株下垂枯死。将受害植株从土中拔出,可以看到其地下部变黑腐败。后期病部呈灰白色,内部长有白色绒状霉,并混有黑色短杆状或粒状菌核。黑色菌核多分布在近地表处,呈不规则形片状,有时整个合并在一起。

【病原及发病规律】 菌核病属真菌病害,其病原菌为大蒜核盘菌。病菌以菌丝体或菌核在病残株或土壤中越冬。翌年条件合适时形成子囊盘,产生大量子囊孢子随风雨传播,或直接产生菌丝扩展蔓延传播。病菌要求较低的温度和高湿度,当温度为14℃~20℃、土壤湿度较高时发病严重。

【防治方法】

①农业防治 选用籽粒饱满、新鲜、无病的种子;与非葱蒜类蔬菜实行2年以上的轮作;加强水分管理,雨天及时排水,防涝并降低田间湿度;选用健壮、无病秧苗定植,加强田间管理,平衡施肥,提高植株抗病能力;合理密植,改善植株通风透光条件;深耕土地,将菌核翻入土下6~10厘米,减少翌年的侵染源;经常检查田间病情,及时拔除病株,集中深埋或烧毁;收获后彻底清洁田园,减少田间病源。

②药剂防治 发病初期,用50%多菌灵可湿性粉剂500倍液,或40%菌核净可湿性粉剂1 000~1 500倍液,或50%速克灵可湿性粉剂1 500倍液,或40%多硫悬浮剂1 500倍液,或50%农利灵可湿性粉剂1 000倍液喷雾。上述药剂任选一种,交替使用,每10天喷1次,连续喷2次。

5.黄矮病

大葱黄矮病分布广泛,各地均有发生,可侵染大葱和洋葱等。

【症　状】 受害叶片产生黄绿色斑驳,或呈长条黄斑,叶面皱缩、凹凸不平,叶管变形,叶尖逐渐黄化、下垂,新叶生长受抑制,植株矮小、丛生或萎缩,严重时整株死亡。病害多在苗期发生,发病后幼苗生长缓慢或停止,不能形成葱白,严重影响产量和质量。

【病原及发病规律】 大葱黄矮病为病毒病,病原为洋葱黄矮病毒。寄主范围限于葱属植物,病毒致死温度为 60℃～65℃,病毒在体外的存活期为 2～3 天。带毒葱属植物的幼苗或鳞茎是病毒来源,种子不带毒。病毒的传播途径有两条:一是通过农事活动如定植、锄地、培土等造成机械伤口使病毒入侵;二是通过蚜虫、叶蝉、飞虱等昆虫刺吸作物造成伤口使病毒入侵。

田间发病可分 3 个阶段:8 月中上旬开始发病,为初发期;10 月上旬至下旬发病率达 90%,为高峰期;11 月初随着气温下降,发病症状减退,进入隐症阶段。

【防治方法】 防治病毒病没有特效药剂,主要靠农业防治,其中最关键的措施是选择健康、无病毒秧苗和抗病品种。其他农业防治措施如下:葱田不要与葱类育苗或采种田相邻;加强肥水管理,增强植株抗病能力;经常检查田间,及时拔除病株,集中深埋或烧毁;接触过病株的手、农具要消毒,否则不能接触健康植株;要加强虫害防治,减少传播途径;农事操作注意不要造成葱苗损伤,以免病毒从伤口入侵。发病初期及时喷 83 增抗剂 100 倍液,或 20% 病毒 A 可湿性粉剂 500 倍液,或抗毒剂 1 号水剂 300 倍液。

6.大葱软腐病

葱类软腐病在田间和贮藏期间均可发生,大葱、洋葱、白菜、甘蓝、胡萝卜及马铃薯等都可受到侵染。

【症　状】 葱类软腐病可危害大葱的叶、花梗等。初发病时,第一至第二片叶沿叶脉出现水浸状小型软化病斑。随着病斑扩展到叶鞘基部,使叶鞘基部软化腐烂并发出恶臭,外叶倒伏。

【病原及发病规律】 软腐病为细菌病害,由欧式杆菌属细菌从伤口侵染引起。病原菌在鳞茎、病残体、土壤中越冬,翌年春从伤口直接侵入寄主。生长季节病菌主要通过肥料、雨水、灌溉水和葱蓟马、种蝇等昆虫传播蔓延,从伤口入侵。病菌生长的最适温度

为 27℃～30℃,在 4℃～36℃间均可生长。适宜的土壤 pH 值为
5.3～9.3,pH 值为 7 时最适合病菌生长。植株健壮,伤口愈合快,
发病较少;在连作地或低洼地栽培,管理粗放,植株生长不良,生长
季节多雨、潮湿,收获时遇雨等都有利于发病。

【防治方法】

①农业防治 选择抗病性、抗逆性强的品种,并选用籽粒饱
满、新鲜、无病害种子;与非葱蒜类作物实行 2 年以上轮作;在种植
前和收获后清洁田园,把枯枝、病残体等清除出田间,集中烧毁或
深埋;培育壮苗,适时定植,防止田间高温;增施有机肥,适时追肥,
促进植株生长健壮,加速伤口愈合速度,增强抗病力;加强水分管
理,轻浇水,雨季及时排水,降低田间湿度;经常检查田间病情,及
时拔除病株;加强害虫防治,注意在早期防治地下害虫,苗期防治
各种咀嚼式口器害虫,减少虫害伤口。

②药剂防治 发病初期,可用科博可湿性粉剂 500 倍液,或
72%农用链霉素可溶性粉剂 4 000 倍液,或新植霉素 4 000～5 000
倍液,或抗菌剂 401 的 500～600 倍液,或 77%可杀得可湿性粉剂
500 倍液,或 50%琥胶肥酸铜可湿性粉剂 500 倍液,或 56%靠山水
分散微颗粒剂 800 倍液喷雾,每 10 天喷 1 次,连喷 2 次。上述药
剂交替使用,在葱的生育期每种药剂限用 1 次。

③防治贮藏病害 在晴天收获,并充分晾晒,使伤口干燥硬
化,加速愈合;选择健壮、无病、无虫、无伤残的大葱用于贮藏,在贮
藏期间注意通风,保持 0℃左右的低温。

7.灰霉病

灰霉病可危害大葱、大蒜、韭菜及茄果类、瓜类蔬菜。

【症 状】 发病初期,大葱叶上生白色斑点,椭圆或近圆形,
直径 1～3 毫米,多由叶尖向下发展。随着病情发展,病斑扩大连
成一片,直到半张或整张叶片卷曲枯死,叶鞘内部组织腐烂。潮湿
时,病部长出灰色霉层。

【病原及发病规律】 大葱灰霉病属真菌病害,病原菌为半知菌亚门葡萄孢属真菌。以菌丝、分生孢子或菌核随病株残体在田间越冬,分生孢子是初侵染和再侵染的来源。翌年春通过伤口或叶尖的表皮侵入寄主,随气流、雨水、灌溉水传播蔓延。病菌发育的最适宜温度为23℃,较低的温度和较高的湿度是该病发生和流行的条件。管理粗放,植株生长衰弱,病情加重。

【防治方法】

①农业防治 选择抗病性、抗逆性强的品种,并选用籽粒饱满、新鲜、无病的种子;与非葱蒜类作物实行2年以上轮作;彻底清除病残株,减少田间菌源;选择排水良好的地块,并采用高畦或垄作,合理密植,使通风良好;加强水分管理,防止大水漫灌,雨后栽植及时排水,以降低田间湿度;采用配方施肥,不过度施用氮肥,以免植株徒长,降低抗病能力;收获后及时清除田间病残体,并随之深翻土壤。

②药剂防治 发病初期,用50%扑海因可湿性粉剂1 000～1 500倍液,或50%速克灵可湿性粉剂2 000倍液,或50%农利灵可湿性粉剂1 000倍液,或65%万霉灵可湿性粉剂1 000倍液,或50%灰霉宁可湿性粉剂500倍液喷雾。上述药剂任选一种,轮换使用,隔10天左右喷1次,连续喷2～3次。

8.疫 病

疫病可危害葱、洋葱、蒜、韭菜、茄子和番茄等蔬菜。

【症 状】 疫病可侵害叶、花梗等。叶部受害时,初期为暗绿色的水浸状病斑,扩大后成为灰白色斑,包围叶身致使叶片常从病部折倒而枯萎。阴雨连绵或湿度大时,病部长出稀疏的白色霉状物,天气干燥时,白霉消失,撕开表皮可见棉毛状白色菌丝体。发病严重时,病叶腐烂,整个植株枯死。

【病原及发病规律】 疫病为真菌病害,病原菌为烟草疫霉。病菌以菌丝体、卵孢子、厚垣孢子随病株残体在土壤中越冬,翌年春天产生孢子囊和游动孢子,借雨水、气流传播。孢子萌发后产生芽管,芽管可穿透寄主表皮直接侵入。以后,病部又产生孢子囊进行再侵染,扩大危害。病菌生长的最适宜温度为 25℃~30℃,在 12℃~36℃范围内均可生长发育。夏季雨水多、气温高的年份易发病;种植密度大,地势低洼,田间积水,植株徒长的地块发病重。

【防治方法】

①农业防治　选用抗逆性和抗病性强的品种,并选用籽粒饱满、新鲜、无病的种子;与非葱蒜类蔬菜实行 2 年以上轮作;定植时选用壮苗,剔除病苗、弱苗和伤残苗;彻底清洁田园,清除病残株,减少田间菌源;选择排水良好、地势高燥地块栽植,并采用高畦或垄作,合理密植,使通风良好;加强水分管理,雨后及时排水,降低田间湿度;采用配方施肥,促进植株健壮生长,增强抗病能力;及时中耕除草。

②种子处理　可用相当于种子重量 0.3% 的 25% 瑞毒霉进行拌种。

③药剂防治　发病初期,可用 75% 百菌清可湿性粉剂 500 倍液,或 50% 多菌灵可湿性粉剂 500 倍液,或 25% 瑞毒霉可湿性粉剂 800 倍液,或 64% 杀毒矾可湿性粉剂 500 倍液,或 50% 速克灵可湿性粉剂 1 500~2 000 倍液,或 58% 的甲霜灵锰锌可湿性粉剂 500 倍液,或 50% 扑海因可湿性粉剂 1 000~1 500 倍液,或 72% 普力克水剂 600 倍液喷雾。上述药剂要交替使用,每 7~10 天喷 1 次,连续喷 2~3 次。

9.白腐病

【症状】　苗期、成株均可发病。幼苗受害时,叶尖变黄,后期整张叶呈灰白色枯死,最后幼苗枯萎而死。成株发病时,叶片从叶尖向下变黄后枯死,植株矮化枯萎,茎基部组织变软,以后呈干腐状,微凹陷,灰黑色,并沿茎基部向上扩展,地下部变黑腐败。湿度大时,叶鞘表面或组织内生许多绒毛状白色霉,后变成灰黑色,并迅速形成大量黑色球形菌核。菌核圆形较小,常彼此重叠成菌核块,菌核块厚度有时可达 5 毫米左右。

【病原及发病规律】 白腐病属真菌病害,病原菌为白腐小核菌。病菌以菌丝体或菌核随病残体在田间土壤中越冬。遇根分泌物可刺激其萌发,长出菌丝侵染植株的根或茎。营养菌丝在无寄主的土壤中不能成活,必须在植株间辗转传播。病菌侵染和扩展的最适温度为 15℃～20℃,在 5℃～10℃或高于 25℃时病害扩展减慢。土壤含水量对菌核的萌发有较大影响。春末夏初多雨年份有利于发病;连作、排水不良、土壤肥力不足的地块易发病;夏季高温不利于该病发生和扩展。

【防治方法】

①农业防治 选择抗病性或抗逆性强的品种,并选用籽粒饱满、新鲜、无病的种子或无病葱秧;与非葱蒜类蔬菜实行 2 年以上轮作;选择排水良好、地势干燥的地块栽植;加强肥水管理,雨后及时排水,降低田间湿度;彻底清洁田园,清除病残体,减少田间菌源;加强田间检查,及时拔除病株集中烧毁或深埋,同时在病株穴撒施石灰或草木灰消毒;实行配方施肥,切勿偏施氮肥,要增施磷、钾肥,以增强植株抗病力。

②种子处理 可用相当于种子重量 0.3% 的 50% 扑海因可湿性粉剂进行拌种。

③药剂防治 发病初期,用 50% 多菌灵可湿性粉剂 500 倍液,或 70% 甲基托布津可湿性粉剂 800 倍液,或 50% 扑海因可湿性粉剂 1 000～1 500 倍液,或 68% 倍得利可湿性粉剂 800 倍液灌淋根茎或喷洒。

10. 炭疽病

炭疽病可危害大葱、洋葱、大蒜、韭菜、分葱等葱蒜类作物。

【症状】 大葱炭疽病多发生于叶片和花梗上。叶片受害时,初生近梭形或不规则淡灰褐色至褐色无边缘病斑,以后随着病情发展,在病斑上散生小黑点,即病菌的分生孢子盘。病害严重时,上部叶片枯死。

【病原及发病规律】 炭疽病属真菌病害,由葱刺盘孢菌侵染引起。其病菌以菌丝体或分生孢子盘随病残体在土壤中越冬。翌年,分生孢子盘产生分生孢子进行初侵染和再侵染,借雨水飞溅传播蔓延。在10℃~32℃范围内均可发病,当温度为26℃左右、空气相对湿度在95%以上时发病最重。分生孢子的产生需要高温高湿条件,因此,高温多雨,排水不良,地势低洼等易导致该病发生。

【防治方法】

①农业防治 选择抗病品种,并在无病区或无病植株上留种,防止种子带菌;与非葱蒜类蔬菜实行2年以上轮作;选择排水良好、地势高燥地块栽植,并合理密植,使通风良好;定植时选择壮苗,淘汰病苗、伤残苗和弱苗;实行配方施肥,增强植株抗病能力;加强水分管理,适当浇水,雨后及时排水,降低田间湿度;收获后彻底清洁田园,经常检查田间病情,及时清除病株。

②种子处理 用福尔马林300倍液浸种3小时,捞出冲洗干净晾干后播种。

③药剂防治 发病初期,用75%百菌清可湿性粉剂600倍液,或80%炭疽福美可湿性粉剂800倍液,或70%代森锰锌可湿性粉剂500倍液,或64%杀毒矾可湿性粉剂500倍液,或50%甲基托布津可湿性粉剂500倍液喷雾。上述药剂任选一种,可交替使用,隔10天左右喷1次,防治1~2次。

11. 叶霉病(煤斑病)

【症 状】 该病危害叶片。发病初期,叶片上有水浸状褪绿斑点,随着病情的发展,形成大小不一、不规则形的暗绿色病斑,稍凹陷;后期,病斑上长出致密的黑色绒状霉层。发病严重时,叶片干枯死亡。

【病原及发病规律】 叶霉病为真菌病害,由葱疣螺孢菌侵染所致。病菌以菌丝体在病残体中越冬。翌年越冬的菌丝体产生分生孢子进行初侵染,并借风雨进行再侵染。温暖多雨,有利于该病发生。植株徒长或生长衰弱,则发病重。

【防治方法】

①农业防治 与非葱蒜类蔬菜实行2年以上轮作;选择排水良好、土壤肥沃、地势高燥的地块栽植;定植时选壮苗,淘汰病残苗、弱苗;合理密植,保持株间通风透光良好;加强水分管理,雨后及时排水,降低田间湿度;配方施肥,防止植株徒长,增强植株抗病能力;经常进行田间检查,及时拔除病株;收获后彻底清洁田园,减少田间病菌来源。

②药剂防治 发病初期,用50%多菌灵可湿性粉剂500倍液,或40%多硫悬浮剂500倍液,或50%混杀硫悬浮剂500倍液,或80%代森锰锌可湿性粉剂600倍液,或50%苯菌灵可湿性粉剂1500倍液喷雾。上述药剂任选一种,要交替使用,每隔7~10天喷1次,连续喷2~3次。

12.黑斑病

黑斑病可危害大葱、洋葱、大蒜等葱蒜类蔬菜。

【症 状】 主要危害叶片和花梗。植株受害时,初生水浸状白色小斑点,随着病情发展,变为灰色或淡褐色椭圆形或纺锤形病斑,稍凹陷。后期病斑扩大,周围常有黄色晕圈,并具有同心轮纹状排列的深暗色或黑灰色霉状物。发病严重时,病斑相互连成一片或扩大绕叶或花梗1周,使叶或花梗折断,或全叶枯死。

【病原及发病规律】 黑斑病为真菌病害,病原菌为匐柄霉,以子囊座随病残体在土壤中越冬。翌年越冬菌产生子囊孢子,进行初侵染。田间发病后,病部产生大量分生孢子,借风雨传播,进行反复再侵染,使病情扩大发展。病菌喜温湿,温暖多雨时易发病。此外,在管理粗放、植株长势弱或受冻等情况下病情加重。

【防治方法】

①农业防治　选择抗病品种,选用籽粒饱满、新鲜、无病虫的种子;与非葱蒜类蔬菜实行2年以上轮作;选择排水良好地块合理密植,使株间通风透光;实行配方施肥,防止植株早衰,提高植株抗病能力;合理灌溉,雨后及时排水,以降低田间湿度;经常田间检查,及时拔除病株;收获后彻底清除田间病残体,并集中深埋或烧毁。

②药剂防治　发病初期,用50%扑海因可湿性粉剂1 500倍液,64%杀毒矾可湿性粉剂500倍液,或58%甲霜灵锰锌可湿性粉剂800倍液,或75%百菌清可湿性粉剂600倍液,或70%代森锰锌可湿性粉剂600倍液喷雾。上述药剂任选一种并应交替使用,每10天左右喷1次,连续喷2～3次。

(二)虫害防治

1.葱地种蝇

葱地种蝇,又叫葱蝇、葱蛆、根蛆、地蛆、蒜蛆、粪蛆。属双翅目花蝇科,可为害葱、蒜、洋葱和韭菜等百合科蔬菜。

【为害症状】　以幼虫蛀入葱、蒜等鳞茎内,受害大葱的茎盘和叶鞘基部被蛀食成孔洞和斑痕,引起腐烂,散发臭味。受害植株的叶片常枯黄、萎蔫,甚至成片枯死。发病地块常出现缺苗断垄现象,严重地块受害面积可达80%左右。

【形态特征及生活习性】　成虫为暗褐色或暗黄色小蝇,体长4.5～6.5毫米。卵乳白色,长约1毫米,表面有网纹,长椭圆形,稍弯,弯内有纵沟。幼虫似蛆,乳黄色,长4～6毫米。蛹为围蛹,椭圆形,黄褐色或红褐色,长约5毫米。

葱地种蝇在我国华北地区1年发生3～4代,以蛹在土中或粪中越冬。4月间成虫开始活动并产卵,5月中下旬为第一代幼虫为害期,第二代幼虫一般在6月份发生。6月下旬以后,随着气温升高,老熟幼虫在植株周围的土壤中化蛹。8月下旬至9月中旬,气温下降,越夏蛹羽化,成虫产卵,10月份出现第三代幼虫。幼虫喜潮湿,如果有机肥含有充足的水分,幼虫会在其中生存,从而减少对作物的为害。成虫也喜欢在潮湿的土壤中生活,卵多产在植株根际周围潮湿土表或土缝中。卵孵化后幼虫便蛀食鳞茎基部和茎盘。成虫有趋臭性,未腐熟的肥料、发酵物质或葱蒜汁易招引成虫产卵。在合适条件下,卵孵化期为3~5天,幼虫期为20天左右,蛹期约14天。

葱地种蝇一般在春秋季为害较严重;地势低洼、排水不良的地块受害重;沙土地、重茬地受害重。

【防治方法】 ①施入田间的各种有机肥必须充分腐熟,并不让肥料露在土面上,以减少害虫聚集。有条件的可施入河泥、炕土、老房土等做底肥或追肥,可有效地减少害虫聚集、产卵。②与不同作物轮作倒茬,并在作物收获后及时进行秋翻土地,破坏部分越冬蛹。在早春及时整地,使成虫盛发时地表有干土,破坏成虫产卵。③严格选种和选苗,淘汰病虫种子和秧苗,减轻虫害。④可在田间用糖醋液诱杀成虫。⑤在成虫盛发期用21%灭杀毙(增效氰·马乳油)3 000~4 000倍液,或2.5%溴氰菊酯乳油(敌杀死)3 000倍液,或10%二氯苯醚菊酯乳油2 500~3 000倍液,或40%辛硫磷乳油1 000倍液喷雾。也可用90%敌百虫晶体1 000倍液,或40%乐果乳油1 000倍液灌根。灌根时,在受害植株旁开沟,把喷雾器喷头旋水片拧去,然后顺沟喷灌,灌后覆土埋沟即可。

2. 葱蓟马

葱蓟马又叫小白虫、烟蓟马、白沙闹、棉蓟马。属缨翅目、蓟马科。可为害大葱、大蒜、洋葱、韭菜、棉花和烟草等作物。

【为害症状】 该虫主要为害寄主植物的心叶和嫩芽。成虫、若虫均以锉吸式口器刺破叶面,吸食叶片汁液,使葱叶形成许多细密连片的银白色斑痕。严重时,叶片枯黄变白、扭曲,甚至枯死,造成较大的损失。

【形态特征及生活习性】 葱蓟马成虫淡褐色,体长 1~1.4 毫米,翅展 1.8 毫米左右,背面褐色,翅脉黑色。卵长约 0.29 毫米,初期肾形、白色,后期渐变为卵圆形、乳黄色。卵孵化时,可透过卵壳见到红色的眼点。若虫有 4 龄,1~2 龄若虫黄色,长 0.4~0.9 毫米,复眼红色,触角前伸,未见翅芽。3~4 龄若虫分别称为前蛹期和蛹期,有翅芽,触角翘向头、胸部背面。

葱蓟马在我国各地发生世代数差异很大。在华南地区 1 年发生 20 代左右,华北地区为 3~4 代。葱蓟马以成虫在土缝、土块下、枯枝落叶间及未收获的大葱、大蒜、洋葱叶鞘内躲藏越冬,也有一部分以蛹越冬。翌年春天在越冬的葱上活动为害,也可为害棉花、烟草等。北方 5~6 月间成虫将卵产在叶片组织内,一般两性生殖,也可孤雌生殖。卵孵化后幼虫在叶内潜食,幼虫老熟后就在潜道的一端化蛹,并在化蛹处穿破表皮羽化。因此,卵、幼虫、蛹都在叶片内生活。成虫活跃、善飞,怕阳光,晴天多隐蔽在叶背或叶鞘缝内。早晚或阴天在叶上取食。此虫发育的适宜温度为 25℃左右,相对湿度约 60%,高温高湿均不利于其发育。温度超过 38℃,若虫不能存活,暴风雨后葱蓟马明显减少。在适宜的条件下,卵期为 5~7 天,若虫期(1~2 龄)为 6~7 天,前蛹期(3 龄)2 天,蛹期(4 龄)3~5 天,成虫寿命 8~10 天。

【防治方法】 ①大葱栽植前,清除田间杂草和前茬作物的残株、败叶,集中烧毁或深埋。深耕、冬灌消灭越冬成虫。②大葱生长期间要勤除草,减少葱蓟马栖息和繁育场所。干旱时,小水勤浇可减轻葱蓟马危害。③在幼虫发生盛期,用 50% 马拉硫磷乳油 800~1 000 倍液,或 50% 乐果乳油 1 000 倍液,或 21% 灭杀毙 6 000 倍液,或 25% 氟氯菊酯(保得乳油)2 000 倍液,或 50% 辛硫磷乳油 1 000 倍液,或 10% 吡虫啉可湿性粉剂 2 500 倍液喷雾。上述药剂任选一种,交替施用。

3.葱斑潜蝇

葱斑潜蝇又叫葱潜叶蝇。属双翅目潜蝇科。主要为害大葱、大蒜、洋葱、韭菜和豌豆等蔬菜。

【为害症状】 葱斑潜蝇主要以幼虫潜叶为害。幼虫在叶内潜食叶肉,在叶面上可见迂回曲折的蛇形隧道,被害部分只剩上下两层表皮。严重时,一张叶片内可有10余条幼虫潜害,使叶片枯萎,甚至大葱成株死亡。该虫大发生季节可造成毁灭性的危害。在潜道内还有幼虫排出的虫粪。成虫产卵时将叶片刺伤,并吸取刺破处的叶片汁液,使叶面有许多白色斑点,多个白点排列成整齐的纵列,葱叶尖上的白点最多。

【形态特征及生活习性】 成虫为小型蝇子,长约2毫米,头部黄色,复眼红褐色。触角和足黑色,胸腹部灰色,上生许多细长毛。初龄幼虫乳白色,幼虫老熟时浅黄色,长筒形,长3~4毫米,体柔软透明,表皮光滑。蛹为围蛹,体长约2.5毫米,长椭圆形,初期淡黄色,后变黄褐色,壳坚硬。

葱斑潜蝇在我国北方地区1年发生3~5代,以蛹在被害叶内和土壤中越冬。第二年5月上旬越冬成虫开始活动并产卵,成虫多在傍晚活动,把卵产在大葱叶片组织内,产卵刻点呈纵向排列。4~5天后卵孵化,幼虫就在叶内潜食。第一代幼虫为害葱苗,第三、第四代为害大葱。幼虫老熟时一般咬破表皮,脱落叶片,入土化蛹。但也有极少数幼虫在潜道末端化蛹,并在化蛹处穿破表皮落地羽化。

成虫白天活动,多在葱株间飞翔或停息在叶尖部。成虫羽化1天后交配,交配后1~2天开始产卵。此虫对糖醋液无趋性,但对葱汁趋性强。

【防治方法】 ①种植前和收获后要及时清除田间残叶、枯叶,并深翻、冬灌,破坏部分越冬蛹,减少越冬虫源。②防治葱斑潜蝇应及早进行,关键是在产卵前消灭成虫。可在成虫盛发期或幼虫为害初期喷药防治。可用21%灭杀毙6 000倍液,或2.5%溴氰菊酯乳油2 500～3 000倍液,或25%喹硫磷乳油1 000倍液,或90%晶体敌百虫800～1 000倍液,或50%乐果乳油1 000倍液,或50%敌敌畏乳油1 000倍液喷雾。上述药剂可任选一种,交替施用。

4.甜菜夜蛾

甜菜夜蛾又叫贪夜蛾、白菜褐夜蛾。是多食性害虫,属鳞翅目夜蛾科。可为害白菜、甜菜、萝卜、大葱、韭菜、菠菜、豆类和瓜类等。

【为害症状】 以幼虫为害叶片为主,初龄若虫钻入筒状叶内取食叶肉,只留下表皮。3龄幼虫将筒叶吃成缺刻,并排出大量虫粪,污染葱心。4龄后食量增大,可将葱叶吃光,剩下葱白部分。苗期受害,可使大批幼苗死亡,造成缺苗断垄。为害留种葱时,可影响其结籽。

【形态特征及生活习性】 成虫长10～12毫米,翅展25～33毫米。虫体及前翅黄褐色或灰黑色,后翅白色,半透明,腹部鳞毛较多。卵半球形,白色,直径约0.3毫米,卵粒排列重叠成块,覆盖有土黄色绒毛。幼虫老熟时淡褐色,头较小,体末端较粗,体长22～30毫米,体色有深绿色、黄褐色和黑褐色等。蛹黄褐色,长约10毫米。

甜菜夜蛾在我国各地发生世代数不同。在北方1年发生4～5代,南方如浙江省金华地区1年发生6～7代。以蛹在土壤中越冬,但在亚热带和热带地区无越冬现象。甜菜夜蛾每年5～9月均可发生,以7～9月为害最重。成虫对黑光灯和糖醋液有较强的趋性,白天一般隐蔽在植株丛和草丛中,晚间出来活动交配和产卵。卵产在叶背面、叶柄及杂草上,成块重叠。在合适的条件下,卵期一般为3～5天。幼虫在3龄前群集,并可吐丝结网,幼虫在网内为害。幼虫3龄后分散为害,老熟幼虫食量增加,有假死性,受惊吓即落地。幼虫期为11～39天。幼虫老熟后入土做椭圆形土室化蛹,蛹期为 7 ~ 11 天。

甜菜夜蛾喜温,耐高温能力强,抗寒力弱。幼虫在 2℃ 以下,蛹在 - 12℃ 以下数日即死。

【防治方法】 ①利用成虫的趋光性,结合防治其他害虫,在田间设黑光灯诱杀。②在成虫产卵盛期摘除卵块,或在初龄幼虫未分散为害之前,人工捕捉群集的幼虫;或利用幼虫的假死性捕捉幼虫,集中消灭。③在秋冬季进行耕翻地,消灭越冬蛹,减少春季成虫发生量。在春季清洁田园,清除杂草,消灭低龄幼虫。④在害虫发生初期,用 90% 敌百虫晶体 800 ~ 1 000 倍液,或 50% 辛硫磷乳油 1 000 ~ 1 500 倍液,或 5% 农梦特乳油 4 000 倍液,或 2.5% 溴氰菊酯乳油 2 500 ~ 3 000 倍液,或 20% 灭幼脲 1 号或 25% 灭幼脲 3 号悬浮剂各 500 ~ 1 000 倍液,或 5% 抑太保乳油 4 000 倍液,或 80% 敌敌畏乳油 1 200 ~ 1 500 倍液,或 20% 氰戊菊酯乳油 2 500 ~ 3 000倍液,或 50% 乐果乳油 1 200 ~ 1 500 倍液喷雾。上述药剂任选一种,交替施用。

5. 甘蓝夜蛾

甘蓝夜蛾又叫甘蓝夜盗。属鳞翅目夜蛾科。主要为害甘蓝、白菜、大葱、油菜、甜菜、马铃薯和豆类等作物。

【为害症状】 以幼虫为害叶片为主。孵化初期,幼虫群集在所产卵块的叶背面取食,受害叶片出现密集的小孔洞;稍大后分散为害,钻入筒叶内取食,并将虫粪排在心内,污染葱心,造成腐烂。

【形态特征及生活习性】 成虫体、翅灰褐色,体长 15 ~ 25 毫米,翅展 30 ~ 50 毫米。卵为半圆形,初期为乳白色,近孵化时出现紫色环纹。初孵幼虫体黑色,取食后变成绿色,此时只有 3 对腹足。3 龄以后足完整,为 5 对。3 ~ 4 龄幼虫体淡绿色,头淡褐色。幼虫 5 龄后体色为灰黑色,并出现黑色斑点。老熟幼虫体长 40 毫米左右,胸、腹部黑褐色,头黄色,身体有白色纵条纹。蛹赤褐色,长 20 毫米左右,背中央有一深色纵带。

甘蓝夜蛾在我国各地发生的世代不同。北方地区1年2~3代,以蛹在土中越冬,翌年春季当气温达15℃左右时,越冬蛹开始羽化。成虫对糖醋液、香甜物质、黑光灯有很大的趋性。白天一般躲藏在菜株内或杂草中,傍晚在葱地取食、交配。成虫寿命约10天。成虫羽化后,1~2天交配,交配后2~3天产卵。卵多产在叶背面,并成块状,每个卵块有几十粒至几百粒,卵期一般为4~5天。初孵幼虫群集,3龄以后分散,4龄后食量增加,5~6龄食量剧增,其食量占整个幼虫期食量的80%以上。当食物不足时,可成群迁移。幼虫期为40天左右,老熟幼虫入土化蛹。蛹期约10天,越冬蛹的蛹期达半年多。春秋季雨水较多的年份,发生较重,干旱少雨发生轻。

【防治方法】 ①利用成虫的趋性,结合防治其他害虫,在田间设黑光灯或糖醋液诱杀成虫。②在成虫产卵盛期,人工摘除卵块;在幼虫未分散为害前,消灭群集幼虫。③秋冬季进行耕翻地,消灭越冬蛹,减少翌年成虫发生量。④有条件的,可进行生物防治,在卵盛发期释放赤眼蜂。⑤在1~2龄幼虫期,应首选昆虫生长调节剂农药,如5%卡死克乳油1 000~2 000倍液,或20%灭幼脲1号、25%灭幼脲3号悬浮剂各500~1 000倍液,或5%农梦特乳油4 000倍液喷雾。也可用90%敌百虫晶体800~1 000倍液,或2.5%溴氰菊酯乳油2 500~3 000倍液,或50%辛硫磷乳油1 000~1 500倍液,或20%速灭杀丁乳油2 500~3 000倍液,或50%乐果乳油1 000倍液,或40%菊·马乳油2 000~3 000倍液喷雾。上述药剂任选一种,交替施用。

6.葱须鳞蛾

葱须鳞蛾又叫葱小蛾、韭菜蛾、苏邻菜蛾。属鳞翅目须鳞蛾科。为害葱、韭菜、大蒜、洋葱等百合科蔬菜,尤其以葱、韭菜受害最严重。

【为害症状】 以幼虫蛀食葱叶为主。初龄幼虫在叶上啃食,形成透明斑,稍大后将葱叶吃成孔洞,并钻入筒叶中继续取食。被害叶片发黄、坏死,严重时将葱叶吃成大的缺刻,并将虫粪排入筒叶内,污染葱心。

【形态特征及生活习性】 成虫长 4~5 毫米,翅展 10~12 毫米,黑褐色,头密被鳞毛。触角须状,长度超过体长的 1/2。前翅黄褐色至黑褐色,后缘自基部 1/3 处有一个三角形白斑。翅中部近外缘处有一深色近三角形区域,翅中部有 1 条深色纵纹。后翅为深灰色。卵长圆形,初期淡黄色有光泽,后变为浅褐色。老熟幼虫长 8~10 毫米,体黄绿色,头黄褐色,前胸背板两侧各有 1 个黑色斑。各节有稀疏的毛分布。蛹纺锤形,褐色、褐绿色或深褐色,长约 6 毫米,蛹外包白色丝状茧。

在我国,葱须鳞蛾主要分布在华北地区,一般 1 年发生 5~6 代,以成虫和蛹在向阳背风处的葱枯叶或杂草叶下越冬。翌年 3 月下旬至 4 月上中旬,越冬成虫开始活动。5 月中旬至 6 月上旬出现第一代成虫。8 月以后为害严重。10 月中下旬以后成虫陆续越冬。

成虫白天隐蔽,晚间活动,飞翔力较差。卵散产于叶上,卵期 5~7 天。幼虫受惊后吐丝下垂。老熟幼虫吐丝结薄茧化蛹,多数化蛹于叶片中上部。幼虫期 7~11 天,成虫期 10~20 天,蛹期 8~10 天。

【防治方法】 ①葱收获后彻底清洁田园,清除枯枝老叶和杂草,减少越冬成虫和蛹。②在幼虫孵化盛期,可用 90% 敌百虫晶体 800~1 000 倍液,或 2.5% 溴氰菊酯 3 000 倍液,或 40% 毒死蜱乳油 1 000 倍液,或 21% 灭杀毙乳油 6 000 倍液,或 50% 辛硫磷乳油 800~1 000 倍液,或 50% 乐果乳油 1 000 倍液,或 20% 氰戊菊酯 3 000 倍液喷雾。上述药剂任选一种,交替施用。

三、分葱、细香葱病虫害无公害防治

分葱、细香葱的病害主要有菌核病、霜霉病、软腐病、锈病、紫斑病、疫病、白腐病、叶霉病、炭疽病等;虫害主要有葱蓟马、葱斑潜蝇、葱地种蝇等。其防治方法可参考大葱病虫害防治。

四、洋葱病虫害无公害防治

(一)病害防治

1.洋葱霜霉病

【症　状】　洋葱霜霉病主要危害叶片、花梗,也可危害鳞茎。叶和花梗受害时,初生长椭圆形、淡黄色斑点,后扩展为卵圆形淡黄色病斑。潮湿时,病斑上长出白色霉层,花梗染病症状同叶部。受害叶和花梗常从病部折断,植株发黄枯死。鳞茎受害后变软,外部鳞片表面变粗糙或皱缩。鳞茎或侧生芽受害可引致系统侵染,使植株萎缩,叶片畸形,上有淡灰色霉层,严重时全株死亡。

【病原及发病规律】　同大葱霜霉病。

【防治方法】　选用抗病品种,一般红皮品种较抗病,黄皮品种次之,白皮品种感病。其余防治方法同大葱霜霉病。

2.洋葱紫斑病

【症　状】　该病主要为害叶片、花梗和鳞茎。发病一般从叶尖或花梗中部开始,初生水浸状白色小斑点,稍凹陷。随着病情发展,斑点扩大成椭圆形的黑褐色大病斑。湿度大时,病部出现灰黑色霉状物,常排列成同心轮纹状。后期叶片或花梗枯死,收获前还会危害鳞茎,导致鳞茎腐烂,组织变为红色或黄色,而后转为黑色,鳞茎收缩,未到老熟时就抽出赘芽。

【病原及发生规律】 同大葱紫斑病。

【防治方法】 培育和选用抗病品种,一般叶面被有较厚蜡质层的红皮品种抗病性较强。其余防治方法同大葱紫斑病。

应在鳞茎顶部成熟后适时收获,收获后及时晾晒至鳞茎外部干燥,然后入库贮藏,库温为0℃,空气相对湿度为65%左右。

3.洋葱锈病

症状、病原及发生规律和防治方法同大葱锈病。

4.洋葱小菌核病

症状、病原及发生规律和防治方法同大葱小菌核病。

5.洋葱灰霉病

症状、病原及发生规律同大葱灰霉病。

防治方法:选用抗病品种,一般红皮品种较抗病。其余防治方法同大葱灰霉病。

6.洋葱颈腐病(灰色腐败病)

洋葱颈腐病的寄主一般为洋葱。

【症　状】 生长期和贮藏期均可发病,主要危害叶鞘和鳞茎。生长期受害时,下部几处叶稍变黄、软化和下垂。鳞茎颈部生有大块淡褐色至赤褐色的病斑,后期内部组织腐烂。潮湿时,病部生有大量灰色霉层,后期干缩并产生大量菌丝和黑色菌核。贮藏期间受害时,鳞茎颈部、肩部产生淡褐色的凹陷病斑并软化;鳞片间生有灰色霉层,产生许多黑色菌核。

【病原及发生规律】 洋葱颈腐病属真菌病害,由葱腐葡萄孢侵染引起。病菌以菌丝或菌核在鳞茎或病残体上越冬,或随洋葱鳞茎在贮藏场所越冬。翌年越冬菌丝或菌核产生分生孢子,随气流传播。分生孢子萌发后产生芽管,由伤口或衰弱的下部叶的叶鞘侵入,并向下扩展,导致鳞茎颈部发病。

较低的温度和高湿度有利于该病害发生。生长后期连续阴雨,收获前灌水,收获及晾晒时遇雨,易发病。此外,植株贪青徒长

发病重。

【防治方法】

①农业防治　选用抗病品种，一般黄皮或红皮品种较抗病；实行轮作，并选择排水良好、地势高燥地块，采用高畦、高垄栽培；合理灌溉，严禁大水漫灌，雨后及时排水，降低田间湿度；实行配方施肥，适时早追肥，避免氮肥施用过多或过晚，增施磷、钾肥并适当施用镁肥，以提高鳞茎贮藏性能；晴天收获，及时晾晒，避免雨淋；贮藏前剔除病残鳞茎，贮藏时注意通风，保持0℃的库温和65%的空气相对湿度。

②药剂防治　发病初期，可用50%速克灵可湿性粉剂1 500倍液，或75%百菌清可湿性粉剂600倍液，或50%扑海因可湿性粉剂1 500倍液，或65%万霉灵可湿性粉剂1 500倍液，或70%甲基托布津可湿性粉剂1 000倍液，或45%特克多悬浮剂3 000倍液喷雾。上述药剂任选一种，可交替施用，隔10天喷1次，连续喷2~3次。

7. 洋葱疫病

其症状、病原及发生规律和防治方法同大葱疫病。

8. 洋葱软腐病

【症　状】　生长期间和贮藏运输期间均可发病，主要危害叶片和鳞茎。生长期间发病，一般在植株外层的1~2片叶的下部产生水浸状、半透明病斑。后期病斑向下扩展到叶鞘基部，使叶鞘基部软化腐烂并散发出臭味，外叶倒伏。鳞茎受害时，外部鳞片呈水浸状凹陷病斑并软化。不久，鳞茎内部腐烂发臭，汁液外流，发病严重时全株腐烂。在贮藏运输期间仍能发病，鳞茎水浸状崩溃，流出白色汁液，严重时造成烂窖。

【病原及发生规律】　同大葱软腐病。

【防治方法】　在晴天收获鳞茎，及时晾晒并避免雨淋或阳光直晒。贮藏前严格挑选，剔除病、烂、伤残鳞茎。其余防治方法同大葱软腐病。

9.洋葱茎线虫病

【症　状】　苗期、成株期、贮藏期均可受害。种子萌芽不久被线虫入侵引起幼苗发病,由于线虫在幼苗生长点,故常引起幼苗早期枯死。成株受害时,病株矮化、畸形,新生叶有淡黄色小斑点。鳞茎外表皮出现白色斑点,内部组织疏松。鳞茎顶部与叶片基部变软,外部鳞片干枯脱落。有时鳞茎内部幼嫩鳞片继续生长,使受害枯死鳞片与鳞茎盘向外胀开,形成破裂葱头。贮藏期间鳞茎受害时,外层肉质鳞片撕裂呈白色海绵状。同时病部常有其他病菌侵染,发生腐烂并伴有臭味。

【病原及发生规律】　致病生物为洋葱茎线虫,雌雄成虫均为线状,成虫长约1.5毫米,透明乳白色。口针三棱形,能穿透植物细胞吸食其中的汁液。洋葱茎线虫以卵、幼虫、成虫在土壤、病残体和鳞茎中越冬,幼虫和卵在干鳞茎内处于假死状态,可保持长达13年的生命力,一旦处于温暖潮湿条件,便可恢复活动。线虫可随带病的种子、鳞茎和幼苗传播,在田间可随风雨、灌溉水、人、畜和农具等传播。贮藏期间线虫还常从胀裂鳞茎中爬出,进行再侵染。线虫喜温湿环境,土壤较湿润且温度在20℃～30℃时,线虫为害严重。

【防治方法】

①加强植物检疫工作　严禁从病区调入带病种子、鳞茎和幼苗到无病区。

②农业防治　选用无线虫种子、鳞茎、幼苗;与非葱蒜类作物实行轮作,最好与粮食作物实行2年以上轮作;清洁田园,及时铲除田间杂草,减少线虫的寄生地;收获后,彻底清除田间残枝老叶,减少田间虫源;经常检查田间,及时拔除病株,集中烧毁或深埋。

③种子处理　为了确保种子和鳞茎不带线虫,将种子放入18℃温水中浸泡1小时,再在50℃温水中浸泡5～10分钟;鳞茎可

用45℃温水浸泡1.5小时。

④生物农药灌根 在洋葱定植前后,用934增产剂100倍液灌根。在定植后,如果发现有线虫,可用阿维菌素类药剂如1%螨虫清2 000倍液,或1.8%阿巴丁3 000倍液,或1.8%海正灭虫灵3 000倍液混合934增产剂100倍液灌根,可有效地杀死线虫。一般8天后植株就可恢复正常生长。

10.洋葱炭疽病

【症 状】 主要危害叶片和鳞茎。叶片受害时,初生不规则淡灰褐色病斑,病斑上长出许多小黑点,后期病斑扩大而引起上部叶片枯死。鳞茎刚受害时,外层鳞片产生深褐色圆形斑纹,后期扩大成大病斑,上面散生或轮生小黑点。发病严重时,鳞茎的病斑深凹腐烂。

【病原及发生规律】 洋葱炭疽病属真菌病害,病原菌为洋葱炭疽刺盘孢。以分生孢子盘随病残体在土壤中越冬,也可在贮藏的鳞茎中越冬。翌年分生孢子盘产生分生孢子,借雨水飞溅传播蔓延。带菌鳞茎的调运可进行远距离传播。病菌喜温湿,分生孢子的形成与传播,需高湿度和水滴存在。病菌发育最适温为20℃,分生孢子萌发适温为20℃～26℃。温暖高湿,尤其鳞茎生长期为阴雨天时,发病严重。

【防治方法】

①农业防治 选择抗(耐)病品种,一般紫皮、辣味浓的品种抗病性较强,黄皮品种次之,白皮品种抗病性弱;与非葱类作物实行2年以上轮作,并选择排水良好,地势高燥的地块栽植;实行配方施肥,增强植株抗病力;合理灌溉,雨后及时排水,降低田间湿度;收获后清除残株老叶,深翻土地,减少田间菌源。

②加强收获和贮藏管理 晴天收获,及时晾晒并避免雨淋;贮藏以架贮为宜,并将温度保持在为0℃～2℃,空气相对湿度在65%左右。

③药剂防治　在雨季前或发病初期,选用70%甲基托布津可湿性粉剂1 000倍液,或77%可杀得可湿性粉剂600倍液,或80%炭疽福美可湿性粉剂800倍液,或40%多硫悬浮剂600倍液,或80%代森锰锌可湿性粉剂600倍液喷雾。上述药剂任选一种,交替施用。

11. 洋葱黄矮病

其症状、病原及发生规律和防治方法参考大葱黄矮病。

12. 洋葱黑粉病

洋葱黑粉病可危害洋葱、大葱等。

【症　状】　主要危害叶片、叶鞘、鳞片。苗期即可发病,病苗生长衰弱,叶片稍萎缩且微黄,局部扭曲,严重时病株显著矮化或死亡。成株受害时,叶片、叶鞘、鳞片上有银灰色条斑,后破裂后散出黑色粉末。发病严重时,鳞茎不能形成,植株枯死。

【病原及发生规律】　洋葱黑粉病属真菌病害,病原菌为担子菌亚门洋葱条黑粉菌,以厚垣孢子在病残体上或土壤中越冬。种子和未充分腐熟的粪肥都可带菌。翌年当温湿度合适时,越冬菌萌发进行初侵染,主要从幼芽入侵。以后产生的厚垣孢子,借风雨传播。

病菌孢子萌发、侵入需要较高的湿度,特别是较高的土壤湿度,同时孢子萌发要求较低的温度,孢子萌发的适温为13℃~20℃,发病的适温为18℃。较低温度和高湿,易导致该病发生;氮肥过多,幼苗徒长发病也重。

【防治方法】

①农业防治　选用无病种子和种秧;与非葱蒜类蔬菜实行2年以上轮作;精细整地,适时播种,播种不要过深,保持土壤不湿不干,促进出苗、出壮苗;有机肥应充分腐熟,实行配方施肥,避免氮肥过多,提高植株抗病力;经常检查田间,及时拔除病株,集中烧毁;接触过病苗的手、农具应消毒,病株穴撒施石灰硫黄(1:1)混合

粉,每 667 平方米 10 千克。

②种子处理 为了确保种子不带菌,可将种子放入福尔马林 50 倍液中浸种 10 分钟,浸后充分水洗。

③药剂防治 播种前,用商品甲醛稀释 60 倍液喷洒苗床;定植时,可用 50%福美双 1 千克加干细土 100 千克充分混匀后撒施于土壤,进行消毒处理。

(二)虫害防治

洋葱的主要害虫有葱蓟马、葱斑潜蝇、葱地种蝇、葱须鳞蛾、葱蚜、甜菜夜蛾和甘蓝夜蛾等。葱蓟马、葱斑潜蝇、葱地种蝇、葱须鳞蛾、甜菜夜蛾和甘蓝夜蛾等的防治方法,请参考大葱虫害防治。这里只介绍葱蚜的防治。

葱蚜又叫台湾韭蚜、葱小瘤蚜,属同翅目蚜科。可为害葱、蒜、洋葱、韭菜等百合科蔬菜。

【为害症状】 以成虫、若虫群集在葱、洋葱等叶片上或花内,吸取汁液。轻者使叶片变黑,植株衰弱;重者使叶片枯黄,植株矮小、萎蔫,严重影响产品质量和产量。冬季可在贮藏的洋葱鳞茎内继续为害,致使鳞茎失去汁液而商品价值下降。

【形态特征及发生规律】 成虫分有翅孤雌蚜和无翅孤雌蚜。有翅孤雌蚜长 2.4 毫米,头、胸黑色,腹部淡色。无翅孤雌蚜长约 2.2 毫米,卵圆形,头、前胸黑色,中、后胸具黑色圆斑,腹部黑褐色,有光泽。无翅孤雌若蚜体卵形,体色由黄绿色渐变为红褐色,其他特征似有翅孤雌蚜。有翅孤雌若蚜体淡黄褐色,翅芽乳白色。若虫共 4 龄,末龄若虫体长约 2 毫米。

葱蚜 1 年发生 20 ~ 30 代,如果温度合适可终年繁殖为害。在我国北方地区,以若蚜在贮藏的洋葱鳞茎上越冬。春秋季发生量大,为害重。成蚜和若蚜均有群集性,初期多集中在植株分蘖处,当虫量大时布满整株。此虫有假死性,趋嫩性,背光性,一般集中在叶背面。

【防治方法】

①加强检疫管理 防止秋冬季运输蒜或洋葱时,人为地将带有葱蚜的蒜或洋葱从一地传播到另一地。

②农业防治 清洁田园,清除杂草、残株和老叶,减少蚜虫寄生场所;利用黄板诱蚜,集中灭杀;用银灰色薄膜避蚜,不让葱蚜飞入洋葱田。

③药剂防治 可用50%乐果乳油1 000倍液,或50%抗蚜威可湿性粉剂2 000倍液,或2.5%溴氰菊酯乳油5 000倍液,或25%喹硫磷乳油1 500倍液喷雾。

第六章 无公害葱、洋葱的采收、贮运和营销

一、蔬菜采后无公害处理

欧洲质量管理组织把品质定义为"能满足人们所需要的产品特征和特性的总称"。决定蔬菜品质的主要因素有品种、产地、采收、采后处理等。因此,重视采收及采后处理对葱、洋葱的品质形成具有十分重要的意义。采收包括采收方式、采收时期、采收时的成熟度等几个方面,都直接影响到葱和洋葱品质的优劣。

为防止葱和洋葱采收后食用前的二次污染,应进行采后无公害处理。采后无公害处理包括整理、清洗、晾晒、预冷、分级、包装等几个环节。加强采后处理至少具有三个方面的意义:一是为市场提供的可食部分符合一定的规格标准;二是符合一定的质量及货架期的要求;三是因为有产地和经营者的标志,消费者利益可以得到保障。

(一)整理和清洗

整理和清洗系指在葱、洋葱等蔬菜分级包装前,去掉产品上的泥土、尘垢、沙土、病虫及产品上有损伤、腐烂的部分。在清洗时,严禁用已经污染的塘水或污水洗涤。水洗后应进行干燥处理,除去产品中的游离水分,这样既能保持葱、洋葱的新鲜度,又不会使它们很快腐烂。

(二)晾 晒

这种方法一般用于含水量高、生理作用旺盛的叶菜类以及通风条件差的贮藏。对于葱和洋葱来说，晾晒是贮藏前必须要采取的一个步骤。葱和洋葱在采收时含水量高，组织脆嫩，在贮运中很容易受到机械损伤而降低商品价值，同时还有利于病菌入侵。另外，未经晾晒的葱和洋葱呼吸作用和蒸腾作用都很旺盛，如果直接入库贮藏，必定使库内湿度加大，引起微生物的快速繁殖而造成贮藏产品腐烂。因此，晾晒是葱和洋葱采后处理的一个重要环节。

(三)分 级

分级是根据产品器官的形态特征、品质指示性状，从质量或大小上分等级，选择出不同规格产品的过程。分级是葱、洋葱等蔬菜长距离运输的基础，是买方对卖方增加信任所必需的。质优则价高，分级可使葱、洋葱增加价值。分级至少有两个明显的作用：一是完全去除了产品中的不满意部分和在包装后的环境下病害蔓延快的后患；二是消除了由于集约栽培中因品种不同带来的大小、外观缺陷造成的不整齐现象，可使商品等级明显，消费者在选购时不必翻动挑拣，避免对葱、洋葱造成机械损伤，从而延长其货架寿命。

(四)包 装

包装通常与分级一起进行。将采后的葱、洋葱等蔬菜用适当材料做成的袋、筐、箱等容器包装，以便于搬运、装卸和销售，称为产地包装。经过分级包装的葱和洋葱，可防止或减少运输销售过程中的"二次污染"、机械损伤、水分蒸发，保持产品的鲜度和质量；包装后的葱、洋葱具有准确的重量、数量、级别，可便于产品的流通销售；同时包装上注明的产地、品种、质量等说明文字，可增强买方的信任，有利于成交；同时，外表精美的包装可提高商品的竞争力。

产地包装一般是大包装,但为了给消费者提供便利,其内还应有小包装。小包装的目的是保护产品、便于销售。我国许多地方对小包装蔬菜质量和规格基本要求都制定了相应的地方标准,如上海市对供应的小包装叶用葱蒜和根用葱蒜类蔬菜制定了相应的标准(表18)。要注意包装材料的卫生指标应符合国家有关规定,应无毒、无污染,防止产品受到包装材料的污染。

表18　小包装葱蒜类蔬菜质量和规格基本要求

类　别	质量要求		规格要求	
	共　性	个　性	单个要求	包装重量
小包装叶用葱蒜(韭菜、韭黄、韭芽、葱、大葱、青大蒜等)	(1)无病斑、无烂衣、无焦梢、无白点 (2)去泥土、去黄叶、去杂质、粗细均匀	韭菜、韭黄:刀口不没; 韭芽:淡黄色、无青梢; 葱、大葱、青大蒜:带根,不抽薹	韭菜叶板阔0.5cm以上; 葱的总长度在33cm以下	韭菜、大葱、青大蒜袋装或扎把,重量为200～350g; 韭黄、韭芽盒装或袋装,重量在200～300g之间; 葱扎把,每把50g
小包装根用葱蒜(蒜头、红葱头、黄葱头)	(1)圆整、无病斑 (2)去泥土、去根须、无机械伤、留柄(苗)长1cm以下,个头均匀	蒜头无瘪蒜、无僵瓣、无百合蒜; 红葱头、黄葱头:无烂心、无雄葱头	蒜头直径在3.5cm以上; 红葱头、黄葱头重量在150g以上	蒜头盒装或袋装,重量在100～150g之间; 红葱头、黄葱头盒装或袋装,重量在450～600g之间

(摘自上海市地方标准,DB　31/T　208-1997)

（五）预 冷

预冷是指运输或冷藏前,使菜体温度尽快冷却到规定的温度范围,以利于较好地保持原有的品质。蔬菜采后距离冷却的时间越长,品质下降越明显。一旦葱、洋葱品质变劣或鲜度下降后,在贮运中就不可能恢复。预冷所要达到的温度、预冷方法,因蔬菜种类、品种、运输条件、贮期长短等不同而异。预冷主要有风冷、冰冷、水冷和真空冷却等4种方法。如果条件允许,应对收获的蔬菜采取预冷措施,以延缓代谢速度,防止腐败,保持蔬菜的品质。

二、葱、洋葱的采收及采后无公害处理技术

（一）葱的采收及采后无公害处理技术

1.大 葱

（1）采收 大葱的收获期因各地栽培形式、气候条件、市场需要和生长程度不同而异。如华北地区9～10月份以鲜葱上市。鲜葱的叶绿质嫩,含水量高,即购即食,不能久贮。一般当气温降到8℃～12℃时,植株地上部分的生长已经基本停止,外叶叶色变黄绿,产品已经长足,产量达到高峰,当地土壤封冻前15～20天为冬贮大葱的收获期。例如,北京地区的收获期在10月底,山东省济南地区在11月上旬,沈阳地区在11月中下旬,河南省郑州地区在11月中旬。如果收获过早,新叶还在生长,葱白未充分长成,干葱的产量会降低;同时,由于呼吸作用还比较旺盛,消耗养分较多,收获过早使葱白易松软、空心而不耐贮藏。收获太晚,假茎易失水而松软,影响葱白的产量和品质,有时收获太晚,会使大葱在田间受冻而腐烂。大葱的收获期要灵活掌握,比如,在大葱产量高峰未到之前,由于市场紧缺,大葱价格高,这时可以提前收获,虽然提前收

获产量上受到一定的损失,但效益却大大提高。

如果作为鲜葱上市,叶片和假茎同时食用,则在管状叶生长达到顶峰时,是大葱的产量高峰,也是收获适期。如果作为贮藏用干葱,须在晚霜后、土地封冻前收获。经过降温和霜冻,葱叶变黄枯萎,水分减少,叶肉变薄下垂,养分大部分输送到假茎中,使假茎变得充实,此时正是冬贮大葱的适宜收获期。如果冬贮大葱在管状叶生长达到顶峰时收获,则会在贮藏过程中,叶片萎蔫,养分转移到假茎中,最后叶片全部干缩,只剩下假茎,重量、质量下降十分明显。

如果因为定植晚或定植时葱秧小等各种原因,造成到收获期仍不能长成达到标准的大葱,有的可以放在地里不收,等到翌年早春返青萌发后作为羊角葱出售。有条件的可刨收后贮藏,根据市场需要,严冬时可随时在温室或大小暖窖里囤葱后,作为发芽葱出售。

大葱收获时还应避开早晨霜冻,因为霜冻后的大葱叶片挺直脆硬,容易碰断而失水,也容易感染病害腐烂而严重影响其产品质量。在这种情况下,可暂缓收获,等白天气温上升,葱叶解冻时再收获。

收获大葱时可用长条镐,在大葱的一侧深刨至须根处,把土劈向外侧,露出大葱基部,然后取出大葱。要注意不要猛拉猛拔,以免损伤假茎、拉断茎盘或断根而降低商品葱的质量及耐贮性。

(2)采后处理 如果将大葱作为鲜葱上市,须先将收获后的大葱除去枯叶、黄叶,抖去葱白上的泥土,然后根据不同的销售目的所要求的标准再做进一步的加工处理。经过初步整理的蔬菜产品,还需进行分级等项处理,才能称为商品。同时还要根据不同的销售对象,确定标准后再进行分级。像出口日本的鲜大葱,要求葱白和葱叶全长达60厘米,然后按葱白长短分成两等,以36厘米以上为一等,30~35厘米为二等。在每个等级中,再按葱的直径分成三等,葱白直径 2 厘米以上的为一等,1.4~1.9 厘米为二等,0.8~1.3厘米为三等。作为净菜上市的,根据北京市蔬菜公司的经验与资料,鸡腿葱应无分葱(两棵并生),无花皮(皮变黄),中间不夹叶子,无闷叶,无土,身长 33.3 厘米,不霉叶;高脚白葱,葱白长33.3厘米左右,棵粗,青葱叶短,不带黄叶,无泥土者为上品。分级后的葱应按同一品种、同一规格分别包装,每批产品的包装规格、单位、质量应一致。每件包装的净含量不得超过 10 千克,误差不超过 2%,出口日本的一般每箱装入 5 千克葱。

包装箱(筐)等要求大小一致、牢固。包装容器应保持干燥、清洁、无污染。其中包装用原纸和聚乙烯成型品等必须符合国家有关无公害蔬菜包装品卫生标准(表 19)。包装物外面应标明无公害农产品标志、产品名称、产品的标准编号、生产者名称、产地、净含量和包装日期等。有关葱、洋葱包装材料的具体要求可参考附录 2。

表 19　无公害蔬菜包装用原纸和聚乙烯成型品的卫生指标

类　别	项　　目			指　　标
原　纸	铅(Pb≤mg/kg)			5
	砷(As≤mg/kg)			1
	荧光性物质(254nm 及 365nm)			合　格
	致病菌(指肠道致病菌、致病性球菌)			不得检出
	大肠菌群(个/100g)			≤3
聚乙烯成型品	高锰酸钾消耗量,60℃,2 小时			≤10
	铅(Pb),4%乙酸,60℃,2 小时			≤1
	脱色试验	乙醇		阴　性
		冷餐油或无色油脂		阴　性
		浸泡液		阴　性
	蒸发残渣	4%乙酸,60℃,2 小时		≤30
		65%乙醇,20℃,2 小时		≤30
		正己烷,20℃,2 小时		≤60

2. 保护地鲜葱（青葱）和温室、阳畦囤葱 扣棚小葱一般在3月上中旬当苗高25～30厘米时就可开始收获，比露地春小葱可提前1个月上市。小葱可割收，也可刨收。如果采取割收，则收割深度以假茎上留茬4～5厘米、豁口白绿相间为宜。割收后心叶长出时，根据土壤肥力情况，可结合浇水，每667平方米施尿素10千克。

囤葱的收获期要根据植株长势和市场需要而定。如果市场价格高，当植株发出2～3片绿叶时即可收获。收获的方法是从一端开始，拔出植株，抖掉细沙。

采收后的小葱、囤葱须摘净老叶、烂叶，用洁净水将须根、葱白清洗干净，理顺理直，捆成重0.5～1千克的小把，使之呈现出绿白分明的清新色泽。要轻拿轻放，不要损伤管状绿叶。如果作为外销或净菜上市，还要根据相应要求再做进一步的整理、分级、包装等。

3. 分葱和细香葱

（1）采收 分葱采收的具体时间因品种和栽培形式而异。除炎热的夏季外，初夏、秋季、初冬都可收获。可只收割叶片，每收割1次后，追肥1次；也可用小铲将其全部挖掘出，或对每一株丛挖收一部分分蘖，留下另一部分继续培肥管理，待生长繁茂后再采收。

细香葱因四季可种，所以随时都可采收。一般在种子直播后60～80天采收，如果是移栽定植的，则在移栽后30天就可开始陆续采收，但具体的采收时间还需根据田间生长情况和市场需求而定。如果市场细香葱短缺，且价格高，则即使植株还比较小也可采收上市，以获得较好的经济效益。

采收细香葱可连根整株拔起。可用小铲铲松根际土壤后用手拔，或在采收前先浇水，待土壤湿润时就可用手拔，这样拔起的香葱不易断须根。

(2)采后处理 采收后的分葱就地去掉老叶、病叶、伤残株等,然后用洁净水将须根、葱白清洗干净,根据大小分级并捆成小捆。捆的大小根据分葱的大小确定,一般为1千克和2.5千克两种。

细香葱连根拔起后,也要就地去掉黄叶、枯叶,抖去泥土并按产品的植株大小进行分级并捆成小捆,植株大的可按每0.25~2千克捆成小捆,植株小的可按每0.25~1千克捆成小捆。把扎成小捆的香葱浸入洁净的水中,将根部和葱叶上的泥土洗干净,使葱白和须根洁白,葱叶碧绿,绿白分明,即可上市。

分葱、香葱如果作为外销或净菜上市,还要根据不同的具体要求做进一步的整理和商品化包装。同时一定要注意在采收、整理、包装、贮运过程中轻拿轻放,否则会因损伤葱叶、葱白而引起商品价值下降,甚至导致腐烂变质而失去食用价值。

(二)洋葱的采收及采后无公害处理技术

1.采收 洋葱的收获期因栽培地区和品种的不同而有一定的差异。华北地区多在6月下旬收获,在高寒地区多在7~9月收获。当洋葱植株的下部第一和第二片叶枯黄,第三、第四叶还带绿色,地上部的假茎开始变软倒伏,鳞茎停止膨大,外层鳞片干缩并呈现出本品种特有的颜色,鳞茎进入休眠状态时,标志着鳞茎已经成熟,应及时收获。采收过早,影响产量,同时鳞茎的含水量高,易腐烂、萌芽、不耐贮藏;采收过晚,地上假茎容易脱落,不利于编辫,鳞茎外皮也易破裂,不利于贮藏。如果采收时遇雨,鳞茎不易晾晒,很难干燥,容易腐烂。

鳞茎成熟期的早晚与品种特性、定植时间、气候条件等密切相关。休眠期短、耐贮性较差的品种,应适当提早收获,即有50%植株倒伏时,开始收获;中晚熟品种可在70%植株倒伏时开始收获。

为了减轻洋葱贮藏期间的腐烂,收获期前7~9天应停止浇水。采收应在晴天进行,最好在收获以后还有几个连续的晴天,以便于及时晾晒。收获时,将整株拔出,要注意轻刨、轻运,防止鳞茎受伤。

2.采后无公害处理技术　采收后的洋葱如果直接上市,应削去根部,并在鳞茎上部假茎基部处剪断,清除泥土,分级后装筐出售。但如果作为净菜上市,有时还需剥去鳞茎外皮,露出可食用部分后再进行小包装出售。一般将剥皮后的洋葱进行托盘薄膜包封,以延长货架寿命。包装时根据洋葱的大小每盒装 2～3 个,重0.25～0.5 千克。注意所用的包装必须是无毒、无害、无污染的材料。将托盘薄膜包封好的洋葱放在室温下的货架上或 10℃ 左右的保鲜冷柜中待售。

作为贮藏的洋葱,一般不去茎叶,采收后在田间就地晾晒。可将葱头放在畦埂上,叶片朝下呈覆瓦状排列,晒 2～3 天,中间翻动1 次,当叶绵软能编辫子时即可。如遇雨,最好将葱收集起来加以覆盖,以免淋湿而降低耐贮性。

根据中华人民共和国商业行业标准(SB/T 10026—1992),将晾晒过的洋葱按其商品品质分为一、二、三等,并按其重量分为一、二、三级(表 20)。将同一等级洋葱的叶子相互编成长约 1 米的"辫子",两条捆在一起成为一挂。每挂约 60 个葱头。如果晾晒后的洋葱叶子少而短时,可添加微湿的稻草编辫。编辫后的洋葱,还需晾晒 5～6 天,晒至葱头充分干燥,颈部完全变成皮质,抖动时鳞茎外皮发出"沙、沙"声为止。中午阳光强烈时,最好用苇席稍盖一段时间再揭开晾晒,遇雨时应覆盖。

也可以不编辫子,当鳞茎风干后,除去泥土,剪掉须根、枯叶后,进行分级,然后直接盛放在容器内以备贮存。

表 20 洋葱等级规格

等　级	品　质　要　求	限　度
一等	具有同一品种的特征,鳞茎形态良好、色泽正常、表面光滑、脆嫩、有很高的整齐度、整修良好、无机械伤、无病虫害、无鳞芽、干燥、无软腐及泥土。分级:一级≥150 克;二级≥100 克;三级≥50 克	每批样品不合格率不超过 5%,其中软腐者不超过 1%
二等	具有相似的品种特征,鳞茎形态较好、色泽正常、表面光滑、脆嫩、有较高的整齐度、整修良好、无机械伤、无病虫害、无鳞芽、干燥、无软腐及泥土。分级:一级≥150 克;二级≥100 克;三级≥50 克	每批样品不合格率不超过 10%,其中软腐者不超过 1%
三等	具有相似的品种特征,鳞茎形态尚好、色泽较正常、整修良好、无机械伤、无病虫害、干燥、无软腐及泥土。分级:一级≥150 克;二级≥100 克;三级≥50 克	每批样品不合格率不超过 10%,其中软腐者不超过 1%

[引自中华人民共和国商业行业标准(SB/T 10026 - 1992)]

　　如果有条件,贮藏的洋葱还可进行放射处理。据天津市食品辐射保藏协作组试验,用 150 戈 的 γ 射线照射,洋葱可保存 11 个月。郑州市蔬菜公司也曾用 60 ~ 120 戈的 γ 射线照射洋葱,使其贮存期达 226 天,发芽率不到 2%,而未处理的洋葱在贮藏到 100 天时全部发芽。照射时间以生理休眠期结束前最合适。洋葱经 γ 射线照射后,其含糖量、维生素 C 等营养成分和食用品质等均无不良影响。

三、葱、洋葱的贮运、保鲜和营销无公害要求

(一)大葱、分葱和细香葱的贮运及营销

1.大　葱

(1)贮藏条件　　大葱属于耐寒性蔬菜,贮藏温度以 0℃ ~ 1℃

为比较适宜。温度过高,大葱呼吸增强,抗逆性下降,加之微生物活动加强,易导致大葱腐烂,同时会使大葱结束休眠提早抽薹;贮藏温度过高,还会导致大葱所含芳香物质加快挥发而丧失特有的风味品质。贮藏温度过低,大葱虽然受冻但产品还可食用,只是大葱的损耗太大。

大葱贮藏的空气相对湿度以80%~85%为比较适宜。通风是大葱贮藏的特殊要求,这是因为空气流通,能使大葱外表始终保持干燥,可有效地防止大葱贮藏病害的发生。

(2)贮藏方法 大葱极耐贮藏,除了用恒温冷库贮藏外,还可在冷凉、干燥、通风的自然条件下贮藏,并安全越冬,随时供应市场需要。

冬贮大葱收获后,首先晾晒1~2天,使叶片和须根逐渐失水萎蔫或干燥,假茎外皮干燥形成膜质保护层,以利于贮藏。应选择可溶性固形物含量高的品种作为贮藏葱。

大葱耐低温能力极强,其假茎在-30℃的低温下放置一段时间后,再放在0℃以上的低温条件下,它还可以慢慢缓解,其组织细胞仍具有生活力。因此,冬季可用低温贮藏法和微冻贮藏法贮藏大葱。低温贮藏的适宜温度为0℃,空气相对湿度为85%~90%;微冻贮藏的适宜温度为-3℃~-5℃。常温贮藏时,适宜湿度为80%左右,湿度过高易腐烂。常用的贮藏方法有以下几种:

①架藏法 在露天或棚、室内,用木杆或钢材搭成贮藏架。将采收晾干的大葱捆成7~10千克的捆,依次堆放在架上,中间留出空隙通风透气,以防腐烂。露天架藏,要用塑料薄膜覆盖,防止雨雪淋打。贮藏期间定期开捆检查,及时剔除发热变质的植株。

②地面贮藏法 在墙北侧或房屋后墙外阴凉、干燥背风处的平地上,铺3~4厘米厚的沙子,把晾干捆好的大葱密码在沙上,宽1~1.5米,根向下,叶向上。码好后在葱根四周培15厘米高的沙土,葱堆上覆盖草帘子或塑料薄膜防雨淋。

③沟藏法 在阴凉通风处挖深 20～30 厘米、宽 50～70 厘米的浅沟。将沟内灌足水,等水下渗后,把选好、晾干的 10 千克左右的葱捆栽入沟内。用土埋严葱白部分,四周用玉米秸围一圈,以利于通风散热。气温降低上冻前,加盖草帘或玉米秸。

④窖藏法 将经晾晒后约 10 千克的葱捆直立排放于干燥有阳光且避雨的地方晾晒。当气温降至 0℃ 以下时,入窖内贮藏。窖内保持 0℃ 的低温,注意防热防潮。

⑤冷库贮藏法 将无病虫害、无伤残的葱捆成 10 千克左右的捆,放入包装箱或筐中,置于冷藏库中堆码贮藏。如果设有贮藏架,可将葱捆立放或平放于各层间,架间、层间都要留有一定的通风道,以便于散热排气。库内保持 0℃～1℃,空气相对湿度为 80%～85%。注意避免温度变化过大。贮藏期间要定期检查葱捆内部,若发现葱捆中间有发热变质的葱,要及时剔除,防止腐烂蔓延。如发现葱捆潮湿,通过通风又不能排除时,须移出库外,打开葱捆,重新摊晒晾干后再入库。

⑥微冻贮藏法 在东西向墙北侧挖 10～20 厘米深、1～2 米宽的浅沟。将经晾晒的葱捆成 7～10 千克的捆,竖放在沟内。贮藏初期葱捆上部敞开,每周翻动 1 次,使葱全部干燥。天气寒冷,葱白微冻时,给葱培土,顶部用草帘子盖住。

大葱在贮藏运输时要做到轻装、轻卸,防止机械损伤。运输工具应清洁、无污染。运输中要注意保持适宜的温湿度,并注意防冻、防晒、防雨淋和通风换气。

要针对不同的消费群体采取不同的销售形式。大葱在我国属于蔬菜消费中的大宗商品,根据我国传统的消费观点,大葱特别是冬贮大葱的销售一般经大批发市场批发后,再在菜市场零售。因此,在大多数情况下没有特别的包装,运输和销售过程中温度不做人为调控,价格便宜。但在高档的超级市场,作为鲜葱上市的大葱一般用塑料胶条将 4～5 棵葱捆成一小捆,置于 10℃ 左右的食品保鲜柜中出售,同时运输过程也在冷链条件下进行,因而价格较高。

2.分葱和细香葱 分葱和细香葱一般不进行贮藏,但在销售流通环节中,有时也要进行短期贮藏。贮藏条件同大葱。贮藏时将葱捆摊开,竖直排列,葱根朝下,葱叶向上,密排好后,顶上盖一层草帘遮荫,防止葱叶枯萎。分葱和细香葱在运输中的注意事项同大葱运输。

分葱和细香葱在出售时,为了防止水分散失,延长货架寿命,可将其用食用保鲜薄膜进行适当包封,并放在室温的货架上或保鲜冷柜中待售。

细香葱和分葱的葱叶可加工成葱末、葱粉、葱油出售,其中脱水葱叶是我国葱出口的一种主要商品之一,远销韩国、日本和东南亚等地。分葱的鳞茎也可加工,一般进行腌渍,加工方法与一般罐头相似。加工过程中要严防二次污染,加工用水要符合国家有关标准。

(二)洋葱贮藏保鲜的无公害要求

1.贮藏条件及其影响因素 刚收获的鲜洋葱含水量大,需较高的温度促进其组织内水分的蒸发,使鳞茎干燥。另外,新采收的洋葱有一个愈伤过程,愈伤适宜温度为 24℃ ~ 32℃。所以,洋葱收获后需在田间摊晒或在室内摊晾。一般情况下,愈伤后的洋葱其最佳贮藏温度为 -1℃ ~ 0℃,空气相对湿度为 65% ~ 70%。在此条件下,洋葱可贮藏长达 8 个月。

洋葱的贮藏主要是防止抽芽、腐烂和失水干缩。

洋葱品种间的耐贮性存在着很大的差异,在同等的贮藏条件下,不同品种腐烂和发芽的程度各不相同。因此,选择耐贮藏品种对于做好贮藏工作十分重要。一般情况下,黄皮扁圆类型的中熟或晚熟品种如天津黄皮、辽宁黄玉等,肉质白里带黄,细嫩柔软,甜而稍带辣味,水分较少,品质好。这种类型的洋葱休眠期长,耐贮藏。红皮类型一般晚熟,肉质不如黄皮类型细嫩,同时水分较多,质地较脆,辣味重,耐贮藏性差。但同样是红皮类型品种,其中球形的比扁圆的耐贮藏。白皮类型为早熟种,鳞茎较小,产量较低,肉柔嫩,容易发芽,不耐贮藏。

温度是影响洋葱鳞茎贮藏的主要因素,适当的低温可防止鳞茎抽芽。洋葱的食用部分是肥大的鳞茎,有自然的休眠期。收获后,鳞茎进入休眠期,生理活动减弱,对外界环境反应不敏感,遇到适宜的环境条件,鳞茎也不发芽,这是洋葱常规贮藏的重要生理基础。休眠期的长短因品种类型而异。例如,黄皮品种约 60 天,红皮品种为 30～40 天;早熟品种比晚熟品种的生理休眠期短。完成休眠期后,洋葱进入休眠解除期,生理活动渐渐加强,鳞茎中的养分向生长点转移而开始抽芽。抽芽后,鳞茎质地变软中空,纤维增多,品质下降,失去食用价值。经试验发现,生理休眠期结束后的洋葱,在 5℃～25℃时会加速发芽。因此,给贮藏鳞茎以 0℃的低温,就会使其处于被迫休眠状态而不萌发。需要注意的是:必须在洋葱生理休眠期结束前给以 0℃的低温环境,才能达到延长休眠期的目的。

洋葱的抽芽与其含水量、含氮量和贮藏环境的含氧量有关。含水量高,鳞茎中干物质的含量就低,就容易萌芽;鳞茎含氮量越高,也越容易萌芽;堆藏的洋葱,四周通风好,供氧充足,抽芽也多。针对环境中氧气含量对洋葱鳞茎萌芽的影响,可采用调节贮藏环境中氧气和二氧化碳的比例来抑制其发芽。据国内报道,氧气含量控制在 2%～5%,二氧化碳含量控制在 8%～10%,对抑制洋葱萌芽效果较好。美国的有关资料认为,3%的氧气和 5%的二氧化碳有助于抑制洋葱萌芽和须根的生长。

贮藏环境的湿度对洋葱贮藏性也有一定的影响。一般情况下,处于生理休眠期的洋葱对湿度不敏感,但较湿润的环境有利于减少鳞茎失水干缩,而干燥的环境又有利于防止鳞茎腐烂。在休眠完全解除后,在常温条件下,干燥环境对鳞茎萌芽有抑制作用,而湿润环境则促其萌芽。因此,洋葱贮藏环境要保持适宜的空气相对湿度,不能太高,也不能太低,一般以65%~70%为宜。

洋葱在贮藏期间易发生腐烂。收获前浇水过多,收获时遇雨,收获后晾晒未达到要求,茎叶含水量多;洋葱在田间造成的病虫伤口、生理性裂口,或采收、采后处理、运输、贮藏过程中造成的机械伤口;洋葱栽培缺钾严重;贮藏期间堆垛过大,堆垛淋雨,翻堆不及时等因素,都会引起洋葱在贮藏过程中发生腐烂。因此,要防止洋葱在贮藏期间发生腐烂,不仅要做好贮藏工作,还要抓好田间管理、采后处理、运输等环节的工作。

2.贮藏方法

(1)挂藏　这是我国传统的家庭贮藏洋葱的方法。在收获时,将经晾晒风干和清除了泥沙的带叶洋葱编成辫,每辫约60个鳞茎。编好后,将葱头向下,茎叶向上,继续晾晒6~7天,使葱头充分干燥,即可挂藏。也可将带叶洋葱每10~20头扎成1把挂藏。挂藏的地点一般是屋檐下、室内、荫棚等通风、干燥、阴凉处。栽培面积不大、洋葱收获量少的,一般可在屋檐下吊挂;在栽培面积集中的产区,可在室内设支架挂藏。洋葱辫不要接触地面,并最好用席子将挂藏的洋葱围上,以防雨淋。室内挂藏的,要经常通风排湿,保持空气干燥;下雨天要及时关窗,防止湿气进入;雨过天晴,要及时打开门窗通风。要注意经常检查,及时清除腐烂的葱头。

(2)垛藏　垛藏洋葱在天津、北京、唐山等地区有悠久的历史,贮藏期长,效果好。垛藏应选择地势高燥、排水良好的场所。先将洋葱在晾晒风干过程中编成长度一致的长辫子,并进一步充分晾晒风干。在地面上垫上枕木,上面铺一层秸秆,然后在秸秆上放上一层层的葱辫。葱辫的末梢朝外,垛顶应覆盖3~4层席子或加一层油毡,防止雨淋或沾上露水。垛码好后,四周用2层苇席围好,然后用绳捆扎封垛。一般垛长5~6米,宽1.5~2米,高1.5米

（约2条洋葱瓣的长度），每垛5000千克左右。如果发现漏雨应拆垛晾晒。封垛后一般不倒垛，因为倒垛往往会促使洋葱萌芽。如果垛内太湿，可视天气情况倒垛1～2次。在连续降雨或阴雨连绵的天气过去以后，可将四周的席子揭掉一层，进行晾垛，然后再封好。倒垛应在洋葱休眠期结束前进行，否则会引起发芽。贮藏到10月份以后，视天气情况，加盖草帘防冻。寒冷地区应转入库内贮藏。华北大部分地区采用这种方法贮藏洋葱，可达6个月之久。

（3）堆藏　堆藏是最普遍的一种洋葱贮藏方法。堆藏又可分为室内堆藏和室外堆藏两种。

①室内堆藏　又叫囤藏。洋葱收获后晾晒几天，待外皮干燥时，将其从鳞茎颈部剪去干枯的叶和茎秆，对葱头再进行1次选择，把符合贮藏条件的洋葱堆放在通风、干燥的空房中，堆的高度不宜超过1米。每隔10～15天翻倒1次，以防止堆内发热。如果发现有腐烂的鳞茎，要及时剔除。中秋节以后气温稳定，即在室外做囤，囤的构造和粮食囤类似。在囤底垫上木棍等物，四周用苇席围成圆筒形。囤底铺上扎成把子的高粱秸秆。然后把洋葱鳞茎放在秸秆上。每放入厚约30厘米的鳞茎，就平铺一层高粱秸秆或稻草作为隔离层，以便于散热、散湿和透气。按此一层一层地码放，直至装满囤。入囤后，每隔15～20天倒囤1次，一般倒囤2～3次后，天气就已变冷而不用再翻堆了。这时要用稻草覆盖囤顶，并封囤防寒。囤藏贮藏量大，贮藏期长，北京地区可贮藏到春节前后。但缺点是比较费工，且成本较高。

②室外堆藏　华北和华东地区多采用这种贮藏方法，但两地的方法有所不同。在华北地区，选取室外地势高燥、排水良好、避光避风的地方，用较粗的木杆做立柱，四周用玉米秸秆围成栅栏，宽为1～1.3米，高1.5～2米，长度可根据贮藏量来决定。在栅栏底部做好土埂，然后铺上干玉米秸秆，使洋葱与地面隔开，以免受潮。随后将经过晾晒、剁去叶部、清除泥沙的洋葱鳞茎装满栅栏，

并使栅栏内中间部分高于四周,其上铺玉米秸秆或苇席,顶部覆盖塑料薄膜或苫布防止雨淋。采用这种方法,一般可贮藏3个月。

在华东地区,选取室外地势高燥、排水良好、避光避风的地方,然后在地面上垫厚约20厘米的干麦秸做垛底。将经过晾晒、清除泥土的洋葱扎成小把,放在垛底上堆成圆堆,圆堆的直径为1.5~2米,堆高1.5米左右,每堆800~1 000千克。堆的四周围上麦秸,堆顶也用麦秸做成屋顶状,防止雨淋。贮藏期间一般不翻动。用这种方法可贮藏3~4个月。

(4)冷库贮藏 这是一种采用低温强迫洋葱鳞茎休眠、抑制鳞茎发芽而达到长期贮藏目的的方法。洋葱适宜的冷藏温度是0℃~2℃,空气相对湿度为65%~70%。虽然冷库贮藏是目前贮藏大批量洋葱较为理想的方式,但由于建造冷库需要投入较多的资金,贮藏成本较高,因此还不能普遍地应用。

在冷库贮藏前,首先将待藏的洋葱鳞茎切去假茎和叶片,并将其进一步风干。根据中华人民共和国商业行业标准(SB/T 10286—1997)的规定,人工干燥是将洋葱鳞茎放入干燥房内,温湿度条件分别是25℃~28℃和60%,流过每立方米洋葱的气流量为2~8立方米/分钟,干燥2~7天。也可采用热风干燥,用40℃~45℃的热风连续送风12~16小时,使洋葱的水分减少10%左右。热风干燥具有灭菌和杀灭害虫的作用。在用热风干燥处理时,要密切注意温度,如果洋葱在45℃以上的高温下时间过长,会影响鳞茎品质。

经过充分风干的洋葱鳞茎,就可入库冷藏。为了在保证贮藏质量的同时,尽量缩短洋葱占用冷库的时间,降低贮藏成本,鳞茎入库的时间可选择在洋葱生理休眠期后期。但要注意不能入库太晚,以免影响贮藏效果。入库前,冷库内要进行消毒,在准备堆贮洋葱的地方铺上垫板。将经过挑选的洋葱鳞茎装入柳条筐、网袋或木箱中,先进行预冷,使洋葱温度冷却到冷库贮藏前所要求的温度。根据中华人民共和国商业行业标准(SB/T 10286—1997)的规定,贮藏的洋葱需按等级、规格、产地、批次分别码入库内。码放高度视包装材料和种类的抗压强度确定,但最高不得超过 3 米。每堆之间要留有通道。贮藏期间,每隔一段时间检查 1 次,及时剔除有病、有机械损伤的鳞茎。要注意冷库中湿度的变化,如果湿度过高,鳞茎常会长出不定根。有关冷库贮藏洋葱的具体要求可参考附录 3。

(5)气调贮藏 气调贮藏(Controlled atmosphere storage)就是调节气体贮藏,简称 CA 贮藏。这是一种在密闭的条件下,人为地改变贮藏环境中气体成分的贮藏方法。气调贮藏主要通过降低空气中氧气浓度和适当增加二氧化碳浓度,使洋葱鳞茎的呼吸强度降到维持正常且最低的代谢水平,从而延长洋葱的贮藏期。一般气调贮藏适宜的氧气和二氧化碳浓度分别为 1% ~ 3% 和 5% ~ 10%。

气调贮藏须在贮藏库(窖)内进行,每一个单元的净面积一般为 3.5 米 × 1.5 米,每个单元之间的走道不小于 1 米,以便于操作管理。预先用聚乙烯薄膜做成密封的帐子,贮藏时先在库房地面铺上一块面积为 4.5 米 × 2.5 米、厚度为 0.25 毫米的聚乙烯薄膜,将经挑选后待贮藏的洋葱轻轻装入柳条箱或木箱中,并根据预先设计好的规格码好;而后用聚乙烯薄膜帐子将码好的洋葱罩好,再将罩子四周底边与铺在地面上的塑料薄膜四周密接,紧紧地卷在一起,用土埋压,使塑料薄膜帐内处于密闭状态。然后可采用下列两种方法调节帐内氧气与二氧化碳的比例。

①自然降氧 刚封闭时帐内的氧气含量较高,通过洋葱自身的呼吸作用会消耗氧气,呼出二氧化碳,使帐内氧气含量越来越少,二氧化碳含量越来越高,从而抑制了洋葱的呼吸作用,使其不抽芽,延长了洋葱的贮藏期。在这种自然降氧情况下,密闭帐内的湿度会越来越高;同时洋葱在极度缺氧条件下呼吸,会产生酒精,

引起腐烂。因此,每隔3~4天要揭开薄膜帐子进行通风换气,每隔1天放入氧气,大约每100千克洋葱放入400毫升氧气。也可在薄膜上设几个开闭的换气孔,当帐内氧气过少时,打开换气孔,放入空气,以补充氧气,降低湿度。为了降低湿度和吸收多余的二氧化碳,可在帐内放置生石灰,大约每100千克洋葱放入生石灰3.5千克。

②快速降氧 快速降氧就是不断地向帐内输送氮气以调整氧气和二氧化碳的含量,使氧气含量为1%~3%,二氧化碳含量为5%~10%。每天须对帐内的气体样品进行分析,并通过补充氮气调节帐内氧气和二氧化碳的含量。每隔1个月左右入帐检查1次,剔除病、烂的鳞茎。

在气调贮藏过程中,为了保持合适的温度,白天应避免日光直晒,夜间用草帘子挡风,防止降温。气调贮藏需要一定的仪器设备和大量的氮气,因此,普及这种贮藏方法比较困难。同时,在目前情况下,洋葱的气调贮藏技术不够成熟和完善,故较少商业化应用。

(6)通风库贮藏 按照中华人民共和国商业行业标准(SB/T 10286—1997)的规定,洋葱通风库贮藏,是在气温下降后,在库内将要码放洋葱的地面垫上枕木或枕石,而后将洋葱装入柳条箱(筐)或编织袋中,码在上面。贮藏期间要注意通风,保持干燥,冬季温度不能低于-1℃。

(7)冻藏法 洋葱是一种很耐低温的蔬菜,辣味品种能够忍耐-6℃的低温,并且解冻后仍然能够正常发芽。保加利亚某科研小组对洋葱进行冻藏实验,基本取得了成功。具体做法是:头年将洋葱的贮藏温度降至-5℃~-6℃,使洋葱冻结。翌年3~4月份随着外界气温的回升,鳞茎缓慢解冻后基本能保持其原来的商品特性。洋葱在冻结状态下,不生霉,不发芽,几乎不失重,外观和质地与普通冷藏洋葱无明显差别,只是解冻后的风味变得比较甜,并且汁液较多。洋葱可在更低温度（-12℃～-17℃）条件下贮藏3个月，缓慢解冻后仍能恢复原来的生理特性（刘兴华，1994）。与普通冷库贮藏的洋葱相比，在-6℃冻藏的洋葱，在贮藏过程中挥发油含量的递增趋势比较缓慢；普通冷库贮藏的洋葱栽植后4～5天长出叶子，经冻藏解冻后的洋葱在栽植后9～11天后长叶，且根系更发达，叶子更葱绿。

(8)筐藏法　把经过晾晒后且无病虫、无伤口的洋葱捆成小把堆成圆垛，葱头向外，叶向内，使其内部形成空心的圆锥体。每隔4～5天倒垛1次，并防止雨淋。等葱头干燥后，去叶后装入筐或箱中，每筐装20～30千克，堆放在窖内或普通库房内，保持干燥，注意通风，在冬季保持库温不低于-3℃。

(9)其他抑制发芽贮藏方法　在收获前10～15天喷0.15%～0.25%的青鲜素（MH，又称抑芽丹），每667平方米用药液50升左右，喷后3～5天停止浇水。青鲜素被绿叶吸收后，转移到芽组织中，破坏其生长点，对芽的生长和顶端优势有抑制作用，可有效地抑制洋葱的呼吸作用和某些酶的活性，从而抑制洋葱在贮藏期间的生理活动。但使用青鲜素应注意不能喷药过早，否则会影响养分的转运，使鳞茎组织变成海绵状而失去商品价值；用药浓度不能过大，以免发生药害，造成腐烂；也不能用药过晚，以免影响抑芽效果。据试验，用青鲜素进行抑芽处理，贮藏8个月后烂心少，抑芽效果好，鳞茎商品率可达80%以上（张新旭等，2001）。

辐射处理对洋葱的抑芽效果很好。在贮藏前用γ射线照射葱头，照射量为60～120戈，照射时间在洋葱生理休眠期结束前最合适。

3.运输　洋葱运输工具应清洁、无污染。如果洋葱处于休眠期，在常温条件下运输即可，但如果已超过休眠期，应在低温条件下运输。

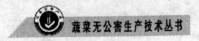

第七章 葱和洋葱的采种技术

一、大葱采种技术

选用优良品种和质量有保证的种子是大葱优质高产的保证。目前,大葱生产上使用的品种基本上都是常规品种,只要严格按照选种留种程序,生产者可以自行留种,从而提高经济效益。选种是留种的重要环节,只有在留种时进行严格选种,才能保证品种的纯度和优良种性。

大葱种子繁殖方法有成株采种法和半成株采种法两种。成株采种是选用已充分长成的大葱做种株进行采种的方法。也就是将当年春季或上年秋季播种育苗,秋季形成商品大葱,以此做种株,秋冬季栽植,第二年春抽薹开花,夏季采收种子。这种采种方法由于经历了商品大葱形成的全过程,故便于严格选择以保持种性;但种子生产周期长(春播 15 个月,秋播 21 个月),种子成本高,生产过程复杂,故一般只用于原种生产。

半成株采种法是利用原种播种来繁殖生产用种的常用方法。所选种株在夏季播种育苗,秋季 9 ~ 10 月间定植,第二年春季抽薹,夏初开花结实。该方法由于生产过程未经历商品大葱的形成,不能严格地按品种特征进行选择,故不利于种性的保持。但生产周期较短,成本低,适于繁殖生产用种。

大葱常规品种种子采用原种和生产用种二级种子生产程序生产,其基本技术规程是采用成株采种法,用原原种繁殖原种,原种繁殖原种一代,原种一代繁殖原种二代,原种二代繁殖原种三代,依此类推,直到原种出现明显退化时则需更新原种。生产用种在不同年份则分别由原种一代、原种二代、原种三代等以半成株采种法繁殖。该技术规程中，利用成株采种和去杂去劣技术控制种性质量，利用半成株采种缩短繁种周期和降低种子成本。

（一）植株的培育和选择

原种繁殖采用成株采种，按照冬贮大葱栽培技术培育，以秋季充分长成的葱株做种株。在生长期间，根据叶色、叶形、株型、分蘖性、抗病性初选具有本品种优良特性的优良单株进行标记。收获时，按品种特征特性再次对株高、叶形、叶数，叶身与叶鞘的比例，葱白的形状、长短、粗细、紧实度、外皮色泽、表面纵向沟纹的有无及分蘖性等进行复选。入选的植株混合贮藏待栽。以山东大葱为例，优良单株选择的一般标准是：葱白等主要性状保持原品种优良特性，株型高大，葱白粗细上下一致，粗而长，洁白，质地细致，味道浓郁，叶片直立，叶肉肥厚，对叶或错叶，霜后叶片不下垂，不分蘖，不抽薹，抗风抗病力强。栽植前，尤其是春栽种株，应对耐贮藏性、抽薹性等性状再次选择，淘汰不耐贮、易发病、干缩、腐烂和抽薹早的单株。

半成株繁殖生产用种的母株，除在苗期进行选择外，主要在抽薹期进行。在田间生长期间，注意根据叶形、叶色、株型、抗病性等特征，随时拔除杂株、病株。定植挖苗时，还应进一步淘汰杂株、劣株和病株。

种株挖收时期应比商品大葱的收获期适当提早。决定种株收获期的原则是，使种株体内尽量积累更多的养分，但又不能使其受冻，一般在当地最低气温降到0℃前挖收。秋冬季种植的适当早收，春季栽植的适当晚收。

种株挖收后，先在田间晾晒1~2天。秋季栽植的，种株挖收后经适当晾晒即可栽植；春季栽植的，种株挖收后在田间要适当多晾晒，然后捆成小捆，直立沟藏于高燥阴凉处，周围用土围好。天气转冷时加盖草帘,保持温度 0℃ ~ 2℃,相对湿度 80% ~ 90%。贮藏期间翻动检查 2~3 次,剔除病株和腐烂株。

(二)采种田准备

采种田选择标准与大葱栽培用地基本一致。但由于大葱属异花授粉作物,自然杂交率很高,所以还要注意不同大葱品种采种田之间的隔离。一般原种生产要求空间隔离距离 2 000 米,生产用种要求隔离 1 000 米。

采种田在前茬收获后应及时翻耕,并增施磷、钾肥。整地后每667 平方米施入优质有机肥 2 500 ~ 3 000 千克和三元复合肥 20 千克于沟内,使肥料与土壤混合均匀,然后栽植种株。

(三)种株栽植

要提高采种量,必须注意种株的栽植密度和栽植时期。成株采种和半成株采种的种株可在秋冬或春季栽植。秋冬栽植的,根系发育好,植株生长粗壮,病害轻,采种量高;春季栽植的,由于植株在越冬贮藏期间的养分消耗,根组织老化,管理不当时病害重,栽植后生长势弱,生长期短,种子产量少。秋冬栽植宜早不宜迟,成株栽植一般在 10 月下旬至 11 月上旬;半成株栽植时间应比成株早,一般在 9 月中旬至 10 中旬。春季栽植也应适时早栽,一般在土壤刚解冻时立即进行。

而栽植密度与采种方法、栽植时期有关。秋冬适宜稀植,春季适当密植;成株采种适当稀栽,半成株采种适当密植。成株冬前栽植时,行距一般为 45 ~ 50 厘米,株距为 6 ~ 10 厘米,单行栽植;或沟距 70~80 厘米,沟内栽 2 行,沟内行距约 10 厘米,株距 5 厘米,每 667 平方米的栽植密度为 20 000 ~ 25 000 株。但栽植的行株距要根据品种不同而有所变化。

半成株采种,因种株较小,故栽植密度比成株大。同时要根据种苗大小决定株行距。单株重 40 克以上的,每 667 平方米栽40 000株左右;单株重 30 克左右的,每 667 平方米栽 50 000 株左右。

大葱种株栽植时,将植株的枯叶和枯根去掉,然后就可直接栽植。有时也可将葱白的顶部切去 1/3,老须根剪短 1/2 后栽植,以促抽薹开花。如章丘大葱等长白型品种保留 20～25 厘米长的葱白,像鸡腿葱这样的短白型品种则保留 15～20 厘米长的葱白。

先在定植沟内浇水,然后将母株直接插在沟中,用虚土封沟,盖住母株。也可先将母株栽植在沟中,覆土后再浇水。栽植深度根据植株的大小确定。成株采种适当深栽,半成株采种适当浅栽。一般栽植深度为 10～15 厘米,栽后外露葱白 5～10 厘米。

(四)采种田管理

秋冬栽植的,越冬前应浇冻水,春栽的则一般以加强中耕保墒为主。抽薹开花期适当控制灌水,及时培土,以防花薹高而细弱导致倒伏。开花结籽期需水量最大,开花盛期应及时浇水保持土壤湿润,但要防止积水沤根。种子成熟期应减少灌水量和次数,以利于种子成熟。

根据土壤养分分析结果决定是否追肥及追肥量、追肥次数。秋冬栽植的,可在浇冻水后数日,在田间撒施腐熟圈肥,结合培土保护种株越冬。在抽薹开花期,可结合培土追施 1 次氮肥和钾肥,每 667 平方米施复合肥 10～15 千克。追肥不能太多,以免花梗徒长。

种株栽植后应分次培土,以促根系发育、保墒、防寒和防止倒伏。培土的深度以不超过葱心为宜。在开花期应于温暖晴天 8～10 时、16～18 时用鸡毛掸子进行人工辅助授粉,以提高结实率。

抽薹后,发现母株的葱杈长出侧芽应及时去除,以免影响种子质量。为防止花薹倒伏,有时应设立简易支架。可在植株旁插立树枝,利用支架的侧枝增加花梗的支撑力;也可在种株两侧顺行竖立一排栅栏状的支撑物,使花薹以该栅栏作为支撑。高温高湿天气要注意防治大葱病虫害。

(五)种子采收

北方地区大葱种子一般在 5 月下旬至 6 月上中旬成熟。大葱同一花序花期为 15～20 天,开花后 40 天左右种子成熟,所以同一花序的种子成熟期不同;同时不同种株间种子成熟期也不一样。为了保证种子成熟度一致,提高成熟种子的收获率,应随种子成熟分期采收。一般不同植株的种子应分 2～3 次采收,同一花序的种子也要分 2 次收获。大葱盛花期后 20 天左右,当花球顶部有少量蒴果变黄开裂、种子还未散落时,为大葱种子采收适期。采收应选择在晴天的早晨或傍晚进行,用剪刀将整个花球剪下,放在通风干燥的背阴处晾晒脱粒。脱粒后的种子还需再晾晒,直至充分干燥后去杂,装入布袋放在低温干燥处贮藏。成株采种一般每 667 平方米产种量为 50～75 千克,半成株每 667 平方米产种量为 75～100 千克。我国大葱种子质量标准见表 21。

表 21　中华人民共和国大葱种子质量标准

级　别	纯度不低于（%）	净度不低于（%）	发芽率不低于（%）	含水量不高于（%）
原　种	99	99	93	10
一级良种	97	99	93	10
二级良种	92	97	85	10
三级良种	85	95	75	10

二、分葱和细香葱采种技术

分葱采种应选取生长健壮、无病害的分葱种田,到夏季分葱转黄变软下垂时,就可采收鳞茎。将鳞茎晒干后挂在通风处,到种植时再行选种。

细香葱以种子繁殖的,需繁育种子;以分株繁殖的,要繁育鳞茎。其中种子繁殖方法可参考大葱的采种方法。

如果繁殖鳞茎,就要选择整齐、分蘖强的植株单株定植,让其分蘖,种植密度是 10 厘米见方。要进行大田栽植时,将其连根挖起,晒 1~2 天,然后剪去枯叶和过长须根,掰开鳞茎并剔除病株和散瓣葱,理齐须根,按鳞茎大小分级后定植于大田。按鳞茎大小分级主要与种植密度有关,如大鳞茎每穴定植 4~5 个,小的定植5~6个,这样就可使大田中每穴的分蘖数相似而生长整齐一致,以便于管理。

三、洋葱采种技术

洋葱是天然异花授粉作物,很容易受天然杂交的影响,混杂退化严重。因此,要选用优良品种,保持优良纯正的性状,就必须年年选择、繁育良种。我国洋葱生产品种主要是常规品种,但也有杂交一代应用。为了保证种子质量,洋葱种子生产应该严格按照生产技术规程进行,并选择在洋葱开花期的降雨量在 150 毫米以下的地区繁种。采种地要求土质肥沃、保水力强的粘质壤土,且附近不能有大葱生产用田。如果与大葱田相邻,可能会造成大葱和洋葱互相串花杂交,还会因早期抽薹植株的干扰而影响采种质量。

（一）采种方式

1. 春播成株采种法 适用于高纬度地区(北纬约 50°及以北地区)，就是利用已形成肥大鳞茎的植株抽薹采种的方法。第一年春季尽早播种，夏季收获小鳞茎，越冬期保暖贮藏。第二年春季栽种，夏季收获大鳞茎，去杂去劣后做采种母球贮藏越冬。第三年春季栽植，6~8 月份种子成熟即收获。整个采种周期为 3 年，长达 26~28 个月。该采种方法对品种典型特征、纯度、耐藏性、抽薹性、抗病性、抗寒性等可进行严格选择，但采种周期长，贮藏繁琐，种子成本高，适于原种生产。

2. 秋播成株采种法 利用已形成肥大鳞茎的植株抽薹采种的方法，适用于我国大部分地区。一般是在第一年秋天播种，幼苗在露地越冬，寒冷地区可覆盖越冬。第二年当鳞茎充分膨大时收获，经去杂去劣后将其作为采种母球进行风干贮藏。当年秋季或第三年春季栽植采种母球，第三年夏季采收种子。整个采种周期历 3 年，21~23 个月。与春播成株采种法相比，这种方法同样可获得高质量的种子，同时采种周期可缩短 5 个月左右，种球只需贮藏 1 次。但因其采种时间较长、种子成本高，故只适用于生产原种。

3. 半成株采种法 利用形成小鳞茎的植株抽薹采种的方法，适用于春播洋葱生产地区。一般是在第一年春季按当地生产商品洋葱的方法播种，夏季形成半成品鳞茎，经去杂去劣后做采种母球贮藏越冬。第二年春季定植母球，夏季采种子。整个采种周期历时 2 年，16~19 个月，采种周期较短，种子成本较低。但由于缺乏对先期抽薹、鳞茎经济性状、耐贮性等方面的严格选择，所以在保持种性方面不如前两种方法，适用于繁殖生产用种。

4. 小株采种法 利用已形成鳞茎的植株直接抽薹采种的方法。在第一年 6~9 月播种，冬前培育成大苗，第二年春季抽薹开花，到夏秋季采收种子。整个采种周期为 2 年，历时 11~13 个月。

这种方法采种周期短,种子成本低,但由于对先期抽薹植株的取舍可能存在着隐患,同时由于缺乏对鳞茎经济性状及耐贮性的选择,所以只可用于繁殖生产用种。

5.种株连续采种法 洋葱种株在抽薹结籽期遇到高温和长日照条件,叶和花薹中的一部分营养向植株基部转移,使植株基部形成小鳞茎。这些小鳞茎可作为下一年的采种母球,栽植后再抽薹开花结籽,这种方法叫种株连续采种法。该方法节省了培育采种母球的过程,两次采收种子之间的时间间隔仅为1年。同时前后采收的两批种子是一个世代分期采收的种子,不存在着亲子代关系,因此,两批种子在种性质量上是相同的。这种方法简便省工,种子成本低,可作为成株采种的辅助采种法,但存在着连续采种导致种株基部鳞茎越来越小,种子产量越来越低的问题。

(二)常规品种采种技术

常规品种种子生产采用原种和生产用种两级繁种制度。原种是用来繁殖生产用种的种子,由原原种繁殖而来。而原原种一般由育种单位提供,也可经品种提纯复优获得。但如果经提纯复优来获得原原种,则必须在育种者的指导下进行。本部分内容主要讲原种和生产用种的繁殖。

1.原种繁育 原种生产主要用成株采种法繁殖,即种子→鳞茎→种子。首先要培育鳞茎,即采种母球(洋葱采种鳞茎也叫种球或母球),这个生产过程和技术与一般商品葱鳞茎生产相同,然后将采种鳞茎定植于大田,让其抽薹开花结实。

(1)种球的选择与贮藏 在按商品葱生产技术和程序生产繁种用的洋葱鳞茎过程中,要注意随时进行选择和去杂去劣。在鳞茎成熟收获前,要在田间按照标准进行严格选择。选择标准如下:①具有原品种的优良特征、特性;②鳞茎圆整,不分球,色泽正常,外皮光滑不裂皮,茎盘小;③假茎细而组织充实;④无病虫害,无伤口、裂口。

种球收获必须在晴天进行，收获后就地晾晒 2~3 天，待表皮干燥后贮藏。如果是分散的小规模贮藏，最好将其编成辫，每25~50头为一辫，两辫为一挂，挂或堆码在房梁上、木架上或库房内。也可以集中起来放在冷库贮藏，但必须将种球用筐、袋装好并堆码起来，堆码不宜过高，以便于操作、牢固不倒塌为原则。种子贮藏的温度影响花芽分化，进而影响到种株抽薹和种子产量。贮藏的理想温度为 0℃~1℃ 或 25℃~30℃，并要求较低的相对空气湿度（70%~75%）。贮藏期间要加强温湿度的管理，经常注意检查，剔除腐烂、变质、提早抽芽的葱头。高温（35℃）和日晒也影响花芽分化，故种球在贮藏期间应避免烈日暴晒。

（2）整地栽种球　种球栽植地应选土质肥沃、排灌方便的地块，同时要注意隔离条件。不同品种同时留种间隔距离应在 1 500 米以上。栽植前，应精细整地，施足基肥，一般每 667 平方米施厩肥 3 000~5 000 千克，并注意磷、钾肥的配合使用。把肥料与土壤充分混匀，耙平后做成平畦。

在冬季不太寒冷的地区，均可在秋季定植。如陕西关中、山东、河南等地在 10 月上旬定植，华北及北京地区一般在 9 月上旬定植。寒冷地区如辽宁中南部在秋季定植，如果露地越冬有风险，可以加以覆盖防冻，使葱头安全越冬。高寒地区，种株不能露地越冬，也可在春季栽植。栽植期对抽薹及种子产量均有影响，秋栽过晚，根系不易深扎，越冬较困难（表 22）。

定植前对鳞茎再做 1 次选择，通常选用大小适中、形状周正、假茎细小而坚实、球茎皮色纯正一致、光滑、无裂皮、无病斑、无分权、无萌芽的鳞茎。定植一般采用穴栽或沟栽。定植的行距一般为 30~35 厘米，株距为 25~30 厘米，个头大的每穴 1 头，中等者 2 头，小者 3 头。一般每头种球可长出 2~5 个花薹，紫皮洋葱可长出 4~10 个。栽植的深度约 10 厘米，以盖土后不使种球裸露为准。栽植过浅,越冬易受冻,第二年花薹易倒伏;过深,不利于根系生长。种栽后应浇水,以促根长叶。

表 22　洋葱种球栽植时期对出苗、抽薹和种子产量的影响

栽植日期 (月/日)	覆盖处理	出苗率 (%)	单株花球数(个)	每花球种子数(粒)	每花球种子重(克)	每 667 米² 产量(千克)
10/10	盖　土	84.6	3.69	669	2.5	67.89
10/25	盖　土	95.6	3.18	705	3.0	77.07
11/10	盖　草	92.2	3.39	785	3.1	80.44
10/10	盖　草	78.7	3.54	675	2.6	62.17
10/25	不　盖	78.1	3.86	641	2.6	66.14
11/10	不　盖	78.2	4.18	644	2.3	61.46
3/16	不　盖	90.4	2.71	516	1.8	38.09

(陆帼一等,2003)

(3)种株的田间管理

①越冬管理　洋葱越冬前植株一般可高达 30 厘米左右,应采取措施让种株安全越冬。入冬时浇 1 次足量的封冻水,并盖粪(马粪或圈肥)或枯草,可保护种株安全越冬。华北地区还可加设风障、覆盖地膜防寒,促使第二年植株提早返青。晚霜过后,当日平均温度达 10℃以上时,就可撤掉风障。

②浇水　种株定植后即浇水,以促根长叶。出苗后再浇 1 次缓苗水,促使缓苗活棵、恢复生长,以后根据各地气候状况再决定浇水的次数和浇水量。第二年返青时,芽开始萌动,要及时灌返青水,促使种株生长发育。但水量不宜大。种株抽生花薹前,不宜多浇水,以免花薹生长嫩弱,结实后易倒伏。抽薹开花后要经常灌水,保持土面不干,以促进籽粒饱满。种子成熟前 10 天左右停止灌水,以利于种子成熟。

③追肥　洋葱种株的追肥一般可分两次进行。第一次在种株返青后,施返青肥,以氮肥为主,一般可每 667 平方米施用硫酸铵

10千克左右,同时配合施入适量磷、钾肥。施肥后要浇水并及时中耕,以提高地温,促进根系发育。第二次在花薹基本抽齐即将开花时,要重施1次追肥,每667平方米可施充分腐熟的稀人粪尿1000千克左右。

④疏薹 每株种株一般可抽生3~8个花薹,有的多达10多个。如果抽生花薹过多,后期花茎一般比较细弱,造成种子不能充分成熟。为了集中营养,使种子饱满,应进行疏薹。将每株种株后期抽出的细弱花薹剪去,留下4~5个早抽的强壮花薹。开花期间,如果遇上高温干燥、阴雨天气或缺少昆虫活动,则应配合人工授粉,每天8~10时和16~17时,用鸡毛掸子来回推动花球。有条件的可人工放蜂,每667平方米地可放1~2箱蜜蜂。为了防止花薹倒伏,抽薹后应设立简易支架。

(4)种子采收 洋葱种株花球中央的蒴果外皮变硬,颜色变黄,且有20%左右的蒴果自然开裂时,即应及时采收。如果晚收,收获时会使果实中的种子散落。但洋葱采种田的不同种株之间开花期并不一致,因此,应成熟一批,采收一批,一般每个花球采收3~4次。种子收获时,如果遇到阴雨天,会使收获的种子霉变,所以采种应选择晴天上午进行。采收时分次将花球连同20~25厘米的花茎剪下,每5~10个花球扎成一束悬挂于不被雨淋、日晒的通风处后熟。挂花球束的地方地面应清洁无异物,以便收集散落在地上的种子。也可将花球放在干净的水泥地上晾晒1~2天,并经常上下翻动。晒干后进行脱粒、过筛或风选,去除秕籽、小籽及花殖体等,然后放在干燥通风处贮藏。在采收、晾晒、脱粒和贮藏过程中,严防混杂、受潮和虫蛀。一般每667平方米可产原种种子50~100千克,高产的可达150千克。

2.生产用种繁育

(1)播种育大苗 生产用种常采用小株采种法,它通过幼苗形成花芽而直接抽薹开花来获得种子。因此,要提高采种量和质量,必须在冬前培育大苗,保证其在越冬期充分通过春化阶段而分化花芽。苗床要施足农家肥,保证土质疏松、肥沃、不板结。播种方法与一般育苗相同,但播种量应减少,一般为每667平方米3.5~4千克,以保证幼苗有充分的营养面积。播种后要保持床面湿润,可盖草保湿。幼苗出土后及时揭去覆盖物,并及时除草间苗,结合实际情况进行追肥,以促幼苗苗壮成长。

(2)定植 当苗高20厘米以上且约有4片真叶互相拥挤时就可定植。一般在10月上旬至下旬定植。定植时淘汰杂苗、病苗、弱苗,并按幼苗大小分级分别栽植。大苗栽植密度稍稀。为了提高单位面积的采种量,栽植密度可大些。一般秋栽行距15厘米,株距12~14厘米,每667平方米栽3万株左右。

(3)田间管理 秋栽定植较早,定植后要立即浇水、施肥,以促进植株生长。冬前适当蹲苗,促进根系发育。越冬前浇冻水,并盖粪或盖草防寒。返青后的施肥量比成株采种法要多一些。开花后可结合防病虫害,每10天左右喷1次0.4%的磷酸二氢钾,以促种子成熟饱满。

(4)采种 当花球变为黄白色,花球顶部已有种子变黑开裂时即可收获。为确保种子充分成熟,最好分2~3批采收种花球,采收方法、后熟、清选、贮藏均与原种繁育相同。种子质量要达到纯度99.5%以上,净度99%以上,水分8%以下,发芽率90%以上,无其他杂草种子,无检疫病虫害。

附录1　NY 5010—2002

无公害食品　蔬菜产地环境条件

1　范围

本标准规定了无公害蔬菜产地选择要求、环境空气质量要求、灌溉水质量要求、土壤环境质量要求、试验方法及采样方法。

本标准适用于无公害蔬菜产地。

2　规范性引用文件

下列文件中的条款通过本标准的引用而成为本标准的条款。凡是注日期的引用文件,其随后所有的修改单(不包括勘误的内容)或修订版均不适用于本标准,然而,鼓励根据本标准达成协议的各方研究是否可使用这些文件的最新版本。凡是不注日期的引用文件,其最新版本适用于本标准。

GB/T 5750　生活饮用水标准检验方法

GB/T 6920　水质　pH值的测定　玻璃电极法

GB/T 7467　水质　六价铬的测定　二苯碳酰二肼分光光度法

GB/T 7468　水质　总汞的测定　冷原子吸收分光光度法

GB/T 7475　水质　铜、锌、铅、镉的测定　原子吸收分光光度法

GB/T 7485　水质　总砷的测定　二乙基二硫代氨基甲酸银分光光度法

GB/T 7487　水质　氰化物的测定　第二部分　氰化物的测定

GB/T 11914　水质　化学需氧量的测定　重铬酸盐法

GB/T 15262　环境空气　二氧化硫的测定　甲醛吸收-副玫瑰苯胺分光光度法

GB/T 15264　环境空气　铅的测定　火焰原子吸收分光光度法

GB/T 15432　环境空气　总悬浮颗粒物的测定　重量法

GB/T 15434　环境空气　氟化物的测定　滤膜·氟离子选择电极法

GB/T 16488　水质　石油类和动植物油的测定　红外光度法

GB/T 17134　土壤质量　总砷的测定　二乙基二硫代氨基甲酸银分光光度法

GB/T 17136　土壤质量　总汞的测定　冷原子吸收分光光度法

GB/T 17137　土壤质量　总铬的测定　火焰原子吸收分光光度法

GB/T 17141　土壤质量　铅、镉的测定　石墨炉原子吸收分光光度法

NY/T 395　农田土壤环境质量监测技术规范

NY/T 396　农用水源环境质量监测技术规范

NY/T 397　农区环境空气质量监测技术规范

3　要求

3.1　产地选择

无公害蔬菜产地应选择在生态条件良好,远离污染源,并具有可持续生产能力的农业生产区域。

3.2　产地环境空气质量

无公害蔬菜产地环境空气质量应符合表1的规定。

3.3　产地灌溉水质量

无公害蔬菜产地灌溉水质应符合表2的规定。

表1　环境空气质量要求

项　　目	浓度限值			
	日平均		1h平均	
总悬浮颗粒物(标准状态)/(mg/m³)　≤	0.30		–	
二氧化硫(标准状态)/(mg/m³)　≤	0.15ᵃ	0.25	0.50ᵃ	0.70
氟化物(标准状态)/(μg/m³)　≤	1.5ᵇ	7	–	

注:日平均指任何1日的平均浓度;1h平均指任何一小时的平均浓度。

　a　菠菜、青菜、白菜、黄瓜、莴苣、南瓜、西葫芦的产地应满足此要求。

　b　甘蓝、菜豆的产地应满足此要求。

表2　灌溉水质量要求

项　　目	浓　度　限　值	
pH值	5.5～8.5	
化学需氧量/(mg/L)　≤	40ᵃ	150
总汞/(mg/L)　≤	0.001	
总镉/(mg/L)　≤	0.005ᵇ	0.01
总砷/(mg/L)　≤	0.05	
总铅/(mg/L)　≤	0.05ᶜ	0.10
铬(六价)/(mg/L)　≤	0.10	
氰化物/(mg/L)　≤	0.50	
石油类/(mg/L)　≤	1.0	
粪大肠菌群/(个/L)　≤	40 000ᵈ	

　a　采用喷灌方式灌溉的菜地应满足此要求。

　b　白菜、莴苣、茄子、蕹菜、芥菜、苋菜、芜菁、菠菜的产地应满足此要求。

　c　萝卜、水芹的产地应满足此要求。

　d　采用喷灌方式灌溉的菜地以及浇灌、沟灌方式灌溉的叶菜类菜地时应满足
　　此要求。

3.4 产地土壤环境质量

无公害蔬菜产地土壤环境质量应符合表3的规定。

表3 土壤环境质量要求　　单位为毫克每千克

项　　目		含　量　限　值				
		pH < 6.5		pH 6.5~7.5		pH > 7.5	
镉	≤	0.30		0.30		0.40ᵃ	0.60
汞	≤	0.25ᵇ	0.30	0.30ᵇ	0.5	0.35ᵇ	1.0
砷	≤	30ᶜ	40	25ᶜ	30	20ᶜ	25
铅	≤	50ᵈ	250	50ᵈ	300	50ᵈ	350
铬	≤	150		200		250	

注:本表所列含量限值适用于阳离子交换量 > 5cmol/kg 的土壤,若 ≤ 5cmol/kg,其标准值为表内数值的半数。

a 白菜、莴苣、茄子、蕹菜、芥菜、苋菜、芜菁、菠菜的产地应满足此要求。
b 菠菜、韭菜、胡萝卜、白菜、菜豆、青椒的产地应满足此要求。
c 菠菜、胡萝卜的产地应满足此要求。
d 萝卜、水芹的产地应满足此要求。

4 试验方法

4.1 环境空气质量指标

4.1.1 总悬浮颗粒的测定按照 GB/T 15432 执行。

4.1.2 二氧化硫的测定按照 GB/T 15262 执行。

4.1.3 氟化物的测定按照 GB/T 15434 执行。

4.2 灌溉水质量指标

4.2.1 pH 值的测定按照 GB/T 6920 执行。

4.2.2 化学需氧量的测定按照 GB/T 11914 执行。

4.2.3 总汞的测定按照 GB/T 7468 执行。

4.2.4 总砷的测定按照 GB/T 7485 执行。

4.2.5 铅、镉的测定按照 GB/T 7475 执行。

4.2.6 六价铬的测定按照 GB/T 7467 执行。

4.2.7 氰化物的测定按照 GB/T 7487 执行。

4.2.8 石油类的测定按照 GB/T 16488 执行。

4.2.9 粪大肠菌群的测定按照 GB/T 5750 执行。

4.3 土壤环境质量指标

4.3.1 铅、镉的测定按照 GB/T 17141 执行。

4.3.2 汞的测定按照 GB/T 17136 执行。

4.3.3 砷的测定按照 GB/T 17134 执行。

4.3.4 铬的测定按照 GB/T 17137 执行。

5 采样方法

5.1 环境空气质量监测的采样方法按照 NY/T 397 执行。

5.2 灌溉水质量监测的采样方法按照 NY/T 396 执行。

5.3 土壤环境质量监测的采样方法按照 NY/T 395 执行。

附录 2　SB/T 10158—1993

新鲜蔬菜包装通用技术条件

1　主题内容与适用范围

　　本标准规定了新鲜蔬菜的包装容器、包装材料及包装方法等一般技术要求。本标准适用于各种新鲜蔬菜的运输、贮藏的包装。

2　引用标准

　　GB/T 4122　包装通用术语

　　GB/T 4892　硬质直立体运输包装尺寸系列

　　GB/T 6543　瓦楞纸箱

　　GB/T 8855　新鲜水果和蔬菜的取样方法

　　GB 8868　蔬菜塑料周转箱

3　术语解释

3.1　标准托盘:国际上通用的底面积为 120cm × 100cm 的标准托盘。

3.2　定位包装:使产品在包装容器内稳固地保持在它的位置上的包装。

3.3　机械伤:产品受外力造成的明显擦伤、破损、断裂。

3.4　塑料衬:以 0.01mm ~ 0.02mm 厚聚乙烯薄膜为筐内衬垫物。

3.5　加固竹筐:竹筐四周用竹子加固,筐盖用木板制作。

3.6　包装件:产品经过包装所形成的总体。

4　包装容器与要求

4.1　包装容器要求

4.1.1　具有保护性,在装卸、运输和堆码过程中有足够的机械强度。

4.1.2 具有一定的通透性,利于产品散热及气体交换。

4.1.3 具有一定的防潮性,防止吸水变形,降低机械强度及引起产品腐烂。

4.1.4 整洁、无污染、无异味、无有害化学物质、内壁光滑、卫生、美观。

4.1.5 重量轻、成本低、便于取材、易于回收及处理。

4.1.6 注明商标、品名、等级、重量、产地、特定标志及包装日期。

4.2 包装容器

4.2.1 尺寸、形状适应新鲜蔬菜贮藏和运输的需要,包装容器的长宽尺寸参考 GB/T 4892 有关规定,高度可根据产品特点自行确定。

4.2.2 包装容器的种类、材料、特点、适用范围见表1。

表1　包装容器种类、材料及适用范围

种　类	材　料	适用范围
塑料箱(应符合 GB 8868 的规定)	高密度聚乙烯	任何蔬菜
纸箱(应符合 GB 6543 的规定)	瓦楞板纸	经过修整后的蔬菜
板条箱	木板条	果菜类
筐	竹子、荆条	任何蔬菜
加固竹筐	筐体竹皮、筐盖木板	任何蔬菜
网、袋	天然纤维或合成纤维	不易擦伤、含水量少的蔬菜

5　包装方法与要求

5.1　产品要求

5.1.1　产品应经整修,新鲜、清洁。

5.1.2　产品应无机械伤、无病虫害、无腐烂、无畸形、无冻害、无冷害、无水浸。

5.2 包装方法与要求

5.2.1 产品应参照国家或地区有关标准分等级包装。

5.2.2 产品应在冷凉的环境下包装,避免风吹、日晒、雨淋。

5.2.3 产品包装方式应根据蔬菜特点采取定位包装、散装或捆扎后包装,包装量适度,防止过满或过少造成损伤。

5.2.4 不耐压的蔬菜包装时,包装容器内应加支撑物或衬垫物,减少产品的震动和碰撞。易失水的产品应在包装容器内加塑料衬,各种支撑物或衬垫物见表2。

表2 各种支撑物或衬垫物

种　　类	作　　用
纸	衬垫、包装及化学药剂的载体、缓冲挤压
纸或塑料托盘	分离产品及衬垫、减少碰撞
瓦楞插板	分离产品、增大支撑强度
泡沫塑料	衬垫、减少碰撞、缓冲震荡
塑料薄膜袋	控制失水和呼吸
塑料薄膜	保护产品、控制失水

5.2.5 每个包装件的重量根据搬运和操作方式而定,一般不超过20kg。

5.2.6 产品包装和装卸时应轻拿轻放,避免机械损伤。

5.2.7 包装上应注明品名、规格、产地、重量(净重)、包装者和包装日期。

5.3 包装件堆码

5.3.1 包装件堆码应充分利用空间,稳固,箱体间和垛间应有空隙,便于通风散热。

5.3.2 堆码方式应便于操作,垛高应根据产品特性、包装容器质量及堆码机械化程度确定。

6 检验方法

6.1 包装容器和包装件的取样方法应参照 GB/T 8855 执行。抽样数量,按表3中所列数量抽取。

表3 包装件抽样数量 （件）

报验数量	抽样数量
≤100	5
101~300	7
301~500	9
501~1000	10
>1000	15(最低限度)

6.2 产品包装前用感官方法检查包装容器的机械强度、通透性和清洁度。

6.3 产品包装后应抽取样品逐件称量,检查产品的重量、等级、质量。

7 检验规则

7.1 同类包装、同一规格、同批包装作为一个检验批次。

7.2 产品包装前应检验包装容器,机械强度、通透性和清洁度应符合第4章的规定。

7.3 实物应与标志相符,每件产品重量误差不得超过±5%,产品不合格率参照有关蔬菜商品质量标准。

附录 3 SB/T 10286—1997

洋葱贮藏技术

1 范围

本标准规定了洋葱通风库和冷库贮藏的采收与质量、贮藏前准备、贮藏条件及管理的一般技术要求。

本标准适用于我国直接消费的新鲜洋葱的贮藏。

2 引用标准

下列标准所包含的条文,通过在本标准中引用而构成为本标准的条文。本标准出版时,所示版本均为有效。所有标准都会被修订,使用本标准的各方面应探讨使用下列标准最新版本的可能性。

GB/T 8867—1988 蒜薹简易气调贮藏技术

GB/T 9829—1988 水果和蔬菜 冷库中物理条件 定义和测量

SB/T 10026—1992 洋葱

SB/T 10158—1993 新鲜蔬菜包装通用技术条件

ZBC 53006—1984 辐射洋葱卫生标准

3 采收与质量要求

3.1 采收

当洋葱基部 2~3 片叶开始枯黄,假茎逐渐失水变软,开始倒伏,鳞茎停止膨大,外层鳞片呈革质状时可采收。

选择无病虫害的洋葱,在晴天采收。采收前一周停止浇水,采收时要轻采轻放,避免机械损伤。

3.2 质量要求

选择耐贮藏性强的中、晚熟洋葱栽培品种进行贮藏。贮藏用的洋葱应符合 SB/T 10026 的规定。要求鳞茎完整、健全、坚实、色泽正常,外面的两层鳞片、鳞茎顶部、鳞茎盘和根应充分干燥,无鳞芽萌发、损伤、异味、腐烂、病虫害。

4 贮藏前准备

4.1 干燥处理

4.1.1 自然干燥:可就地将采收的洋葱放在田埂上,叶片朝下呈覆瓦状排列,晾晒 2～3 天后翻动一次,再晾晒 2～3 天,当叶片发软、变黄、外皮鳞片干缩时即可贮藏。晾晒过程中若遇雨时,则该批洋葱不宜长期贮藏。

4.1.2 人工干燥:将洋葱置于干燥房内,在温度 25～38℃、相对湿度 60%、流过每立方米洋葱的气流量 2～8m³/min 的条件下,干燥 2～7 天即可贮藏。

4.2 抑芽处理

按 4.1 干燥处理后的洋葱,贮藏前再按 ZBC 53006 中有关规定进行抑芽处理。

4.3 灭菌

洋葱入贮前一周进行库房清扫、灭菌。灭菌方法按照 GB/T 8867 中 3.1 的有关规定执行。

4.4 包装与标志

洋葱的包装应符合 SB/T 10158 中第 4、5 章的有关规定。

4.5 入库

洋葱经干燥处理和包装后,应及时入库,防止l及湿受潮。

贮藏的洋葱,需按等级、规格、产地、批次分别码入库内。码放高度视包装材料的种类和抗压强度而定,但最高不得超过 3m。冷藏的洋葱需距蒸发器至少 1m。

5 贮藏方法

5.1 通风库贮藏

　　将干燥处理后的洋葱先在荫棚下码垛,暂时存放,待气温下降后装入箱、筐或塑料纺织网袋,再加垫枕木或枕石,码入通风库。贮藏时注意通风,保持干燥,冬季库温不低于 – 1℃。

5.2　冷库贮藏

　　将干燥处理后的洋葱先在荫棚下码垛,暂时存放,待气温下降后装入箱、筐或塑料纺织网袋,再加垫枕木或枕石,码入冷库,贮藏时注意控制适宜库温,防止温度过低造成冻害。

6　贮藏条件与管理

6.1　温度:适宜贮藏温度为 0℃ ± 1℃。

6.2　相对湿度:库内的相对湿度应保持在 65% ~ 70%。

6.3　贮藏管理

6.3.1　通风库管理:可利用通风装置或采取隔热保温措施来调节库内的温度和相对湿度。

6.3.2　冷库管理:贮藏期间要定时检测库内温、湿度。冷藏的物理条件和测定方法,应符合 GB/T 9829 中第 3、4 章的有关规定。

　　洋葱出库时,若外界温度高于品温,需经缓慢升温处理,以防止洋葱表面有凝结水出现。

6.4　贮藏期限:在上述温度、相对湿度和管理条件下,洋葱的贮藏期限因品种和气候条件的不同而异,一般通风库贮藏期为 3 个月,冷库贮藏期为 8 个月。

参考文献

1 陆帼一主编．葱蒜类蔬菜周年生产技术．北京：金盾出版社，2003

2 黄伟，任华中，陈洪峰编著．葱蒜类蔬菜高产优质栽培技术．北京：中国林业出版社，2000

3 宋元林，毕思芸主编．大蒜、洋葱、大葱、韭菜栽培新技术，第二版．北京：中国农业出版社，2000

4 徐道东，赵章忠，王统正等．葱蒜类蔬菜栽培技术．上海：上海科学技术出版社，1996

5 全国农业技术推广服务中心主编．葱蒜周年生产配套技术．北京：中国农业出版社，2000

6 房德纯，姜华，王海鸿等．葱蒜类蔬菜病虫害诊治．北京：中国农业出版社，2000

7 陈杏禹．无公害蔬菜生产技术．北京：中国计量出版社，2002

8 周绪元，王献杰，张金树等．无公害蔬菜栽培及商品化处理技术．济南：山东科学技术出版社，2002

9 周新民，巩振辉．无公害蔬菜生产200题．北京：中国农业出版社，2002

10 山东农业大学主编．蔬菜栽培学各论（北方本），第三版．北京：中国农业出版社，1999

11 吕家龙主编．蔬菜栽培学各论（南方本），第三版．北京：中国农业出版社，2001

12 上海市蔬菜经济研究会编著．优质蔬菜栽培手册．上海：上海科学技术出版社，2000

13 王久兴,王子华,贺桂欣.蔬菜无土栽培技术.北京:中国农业出版社,2000

14 吴锦铸,张昭其主编.果蔬保鲜与加工.北京:化学工业出版社,2001

15 吕佩珂,李明远,吴钜文等.中国蔬菜病虫原色图谱.北京:农业出版社,1998

16 梅福杰,于开亮,李松等.无公害大葱生产技术操作规程.蔬菜,2002(8):9~10

17 尚衍强,刘炜.日本甜葱"夏黑二号".蔬菜,2000(9):13

18 顾柳青.香葱水培技术.长江蔬菜,1997(5):29~30

19 钱友山.垛田脱水分(香)葱栽培技术.长江蔬菜,2000(1):12

20 赵丽兰.发展绿色食品蔬菜是设施农业的发展方向.蔬菜,2000(5):4~6

21 廖志文,刘国际,李双来等.浅析蔬菜污染来源及无公害蔬菜.蔬菜,2000(9):4~6

22 "蔬菜出口技术保障措施研究"课题组.蔬菜出口技术保障措施(一).中国蔬菜,2002(2):1~3

23 刘云飞.无公害技术防治线虫.蔬菜,2001(10):18

24 《中国蔬菜》编辑部.无公害蔬菜生产的关键技术(一).中国蔬菜,2002(3):57~58

25 张新旭,邓传松,宋其兵等.洋葱喷青鲜素抑芽试验.蔬菜,2001(8):24

26 梅福杰,李松,秦武昌.洋葱覆膜覆土栽培技术.长江蔬菜,1996(8):11

27 刘兴华.洋葱贮藏新技术——冻藏处理和 SO_2 熏蒸.中国蔬菜,1994(4):57~58

28 张新旭,邓传松.地膜洋葱大面积高产.蔬菜,2001(2):

11～12

　29　倪宏正,孙兴祥,曹坚等．出口黄皮洋葱高效栽培技术．中国蔬菜,2001(1):40～41

　30　张雪锴,金洪杰,王洪珍．洋葱大株留种技术．蔬菜,2000(1):17

　31　张平真．洋葱引入考．中国蔬菜,2002(6):56～57